日本絹産業発展の歴史

（　富岡製糸　　道　）

JN023517

中島　武久

富岡製糸場内の建物の配置図

資料 - 1　官営富岡製糸場の建物配置図

資料－2　官営富岡製糸場の全景（現在）

旧、官営富岡製糸場の全景（現在）

資料－3　繰糸場内における繰糸作業の様子

繰糸場内における繰糸作業の様子

目　　　次

5　創業後の富岡製糸場の様子

はじめに

　人々の着衣に彩りを与え、人の心を豊かにしてくれる、そのような衣料素材として古来より珍重されて来たのが絹糸（シルク）なのであります。日本において、それは中国大陸から伝承され、その昔から主に和服の生地として活用されて以来、多くの人々に親しまれて来たところの特別な素材なのであります。

　それ故、先の時代にあって、絹糸は高級素材として世界の女性を魅了し続け、そして海外から高い評価を得て行き、その時代において、この素材は、日本が誇るところの特別な輸出品として位置付けられるようになり、その趨勢と相まって、後の時代において、日本では絹糸の大量生産を可能にすることができる、特別な産業体制と云うものが求められる状況となって行ったのであります。

　ところで、この絹糸の原材料である「繭」を生産する伝統的職業でもある養蚕は、日本にあってはすでに弥生時代から始まっていたと言われるように、時代が下った現代にあっても、絹糸を生産するために必須となる「繭」を産出するための養蚕は、日本においては今日なお、伝統的な質実剛健たる地場産業とでも言うべき状況を呈しているのであります。その意味で、日本の養蚕業は現在にあってもなお基幹産業と見做され、関東や信越地方等を拠点としたそれらの地域に深く浸透していて、現在にあっても根強く操業が行われている状況となっているのであります。

　さて、日本におけるこの養蚕業に対し、より一層の活力を与える

こととなったのが、明治時代における官営製糸場の創設なのであります。明治政府が主導し、群馬県の南西部において建造が行われたこの官営富岡製糸場は、明治３年（１８７０年）と言う、その時代的な流れが未だに混沌としていた時期にあって、当時の新政府側が言わば強引に決めてしまった事業構想なのでありました。

　しかしながら、今日、改めて考えてみると、それは極めて画期的な政策決定だったと見做せる出来事なのでありました。事実、この政策によって大規模な官営富岡製糸場が建設され、明治５年に創業が開始された後にあっては、その目論みの通り、生糸の大量生産が可能になって行ったのであります。そして明治４２年（１９０９年）頃には、この官営富岡製糸場は、そこでの唯一の製品であるところの生糸の輸出量が世界一となって行き、その存在と役割が、それによって多額の外貨を稼ぐと言う結果をもたらす等々と、その順調な操業とそれに伴う貿易収支の状況と言う側面が、その後の昭和時代に至るまで極めて長期に亘って維持されて、当時の日本の経済力を大きく支えるところとなったのでありました。

　そしてこの事実は、日本が得意とした各種の工業製品等の生産とその輸出に対して刺激をもたらすところとなって行き、そのような状況の下で、当時の日本の対外貿易収支は、全体として黒字に終始すると言う状況を呈するなど、当時の国勢にあって、この絹産業は日本経済の将来を明るく照らして行ったのであります。

　しかしながらその一方にあって、日本の目論見と同様に、海外にあっては新たな試みと言うものが進んでいたのでありました。

　それは、化学的な技法を駆使し、絹糸に勝る優良な被服用素材を

生み出そうとするものでありました。そして、その狙いは、これに
よって日本が誇るところの絹糸（シルク）に対し、真っ向から対抗
しようとする思惑のものだったのでありました。

　そのため、以降、富岡製糸場にあっては、民営化により価格的な
面での競争力を取り戻そうとはしたものの、その時には既に世界の
市場の趨勢が大きく変貌しつつある時代へと動き出していたので
あって、海外にあっては、絹製品に代るべく開発された新たな素材
が次々と輸出されるようになり、いつの間にか、それによるところ
の新商品が世の中に満ち溢れる状況となって、当時の世界の情勢は
すでに激変の時代へと突入していたのでありました。

1　絹糸に関する歴史的展開

　絹糸の利用は、中国において、既に紀元前の極めて古い時代から
始まっていたと観られているのであります。それはエジプトの遺跡
の中から、中国産と思われる絹布の断片が発見されているからでも
あって、しかも、それはシルクロード（絹の道）を通じ、特産物と
して輸出されていたことが覗い知れるのであります。

　さて、時代が下って6世紀頃ともなると、東ローマ帝国において
生糸が生産されるようになったのでありました。また、更に時代が
下った12世紀ともなると、生糸はイタリアの各地にて生産される

16

ようになりますが、しかしながら、ヨーロッパ全域を俯瞰してみると、シルクの生産はフランス南東部のリヨンがその中心地となっていたのでありました。一方、イギリスはシルクの国産化に失敗したため、外国からの輸入に依存していたのであります。

なお、このイギリスは、中国との生糸の取引に際してインド産のアヘン（麻薬）を用いてしまったが故に、後に中国の人民政府との間において、いわゆる「アヘン戦争」なるところの泥沼の如き醜い戦いを勃発させてしまうことになるのであります。

その一方、日本にあっては、すでに弥生時代からシルクの製法が伝承されていたと考えられています。それは、その時代の渡来人がもたらしたものでありました。しかしながら、現在の日本において普及している品種は、江戸時代にその改良が進められた上で、広く国内に普及して行ったものなのであります。

2　養蚕業に係わる日本の思惑

江戸時代も中期ともなると社会全体が安定化し、裕福な商人階級が増加して行き、それに伴い、衣料の素材として感触の良い絹織物が重用される傾向が強まって行ったのでありました。そして、これを側面から支えたのが、養蚕業によるところの絹糸の大量生産なのであって、まさにその関係が、当時における日本での養蚕業の発展

を促す推進力となった、主たる背景だったのでありました。

　一方、その頃になると、貨幣経済が進むと同時に財政が逼迫する事態となり、そのため、各藩は広く養蚕業の普及にまで関わるようになって行き、絹織物の生産を奨励するに至ったのであります。

　従って、この時代には、蚕（かいこ）の餌となる桑木の品種改良が進められ、また、蚕の品種改良までもが進められて行ったと言う次第なのであり、そして、更には蚕の育成方法に関する手引書までもが刊行される等々と、当時の幕藩体制による混乱の渦中にあっても養蚕業に対する関心と言うものは極めて高く、各藩では、夫々においてその促進と定着化とが進められて行ったのであります。

　さて、絹糸に係る製糸作業を概観すると、幕末に至るまでの時代にあっては、小屋掛け建物の内部に木製の小規模な製糸機器を据付けた程度の施設で行なっていたと言うに過ぎず、また、産出された絹糸は、その殆どを町工場程度の小規模なる織物事業者に依存した中で、反物（布地）等へと仕上げられて行ったと言う実態に過ぎなかったのであり、そのために製品の量は限られていて、その当時には外貨が稼げるような輸出品とはならなかったのであります。

　しかしながら、その後に、日本の絹産業が日本を代表する主要な産業として確立されるに至ったのは、何と言っても、当時の政府が画策したところの、フランスの最新の製糸技術の導入を含みとして推進した官営製糸場の創立に依るのであります。

　そして、機械化された大規模な製糸機器及び諸設備の導入を前提として進められたその製糸場の建設地は、その後、昔から養蚕業を主体としてきた土地柄でもあった群馬県西部の富岡の市街に隣接

し、俗に姫街道とも呼ばれた間道が通じる地域であるところの鏑川に沿った広大な原野一帯を建設地とすることで決定に至り、それによって工事が進められることとなったのであります。

3　官営富岡製糸場の創立

（1）　富岡製糸場の建設計画

　明治維新によって新政府が樹立された後、この明治政府が早々と打ち出した重要な産業振興政策の一つが、群馬県西部の富岡の地における大規模な絹糸生産施設一式の建設でありました。

　このプロジェクトは、殖産興業に係わる国策の「目玉」の一つとして推進されたもので、その当時、すでに日本で広く行われていて主要な産業ともなっていた養蚕業について、繭（まゆ）から生糸を紡ぐためのその生糸生産体制を一元的に集約し、良質な生糸を大量に生産する大規模な設備を構築して、生産された生糸は、その全てを海外へ輸出することを前提として構想されたのであります。

　そして、その構想の実現のために、当時、すでにフランスの国内にて実稼働の実績を有していたところの機械式の絹糸生産設備の導入を前提として、良質なる生糸を大量に生産して海外に積極的に

輸出すべく、その当時の主要な養蚕地帯においてより一層大規模な製糸場を建設すべき、との政財界による強い決意の下で進められて行ったのが、この官営製糸場の建設計画なのでありました。

このように、急激に進んで行く国際情勢の変化に対応して、明治政府はいち早く生糸の大量生産に向けて動き、製糸場用地の取得を進めて行ったのであります。そして選定された建設地が群馬県西部に位置するところの富岡の地だったのでありまです。

さて、この富岡における製糸場の建設と言う国家的プロジェクトは、よく見渡すと、その当時、同時並行的に進められていたところの日本初の横須賀造船所の建設にも匹敵する、明治政府の肝入りの革新的な産業興隆促進策の一つと見做せるような、まさに大規模な国策の実現だったのであります。

（2）　製糸場の建設とその整備状況

さて、明治政府は、この官営の革新的製糸場建設プロジェクトの達成に向け、先行していたフランスでの事例を模範とし、そのために、実績のある各種の製糸用機材をフランスから導入し、製糸工場の建設を一気に進める方式の構想を固めて行き、その一方で、機械式の製糸技術に習熟した外国人技術者の取り込みを行って工事の監理業務を委ね、また、それと同時に、その設備に関わるその後の保守管理の必要性にまで配慮して行き、そのために日本人に対する所要技術の修習までもが図られて行ったのであります。

明治3年（1870年）、明治新政府はフランス人の技師である
ポール・ブリューナとの間で委任契約を取り交わして、この模範的
製糸場の建設プロジェクト達成のために必要とされる、技術的な面
での指揮と監督とを彼に委ねることにしました。

　一方、建築物に係わる設計については、この当時、既に同じ官営
の横須賀製鉄所の建設事業に従事していた仏人技師のバスチャン
に担当して貰うこととし、その結果、そのための図面が同年末まで
に完成したのでありました。一方、これに伴う資材の調達及び工事
現場の取締りに関しては、賄方の総元締め役に指名された深谷出身
の韮塚直次郎がそれを担当することになったのであります。

　そして明治4年3月に起工した工事は、翌5年（1872年）に
操糸場と並行して東西の置繭所が落成し、同年の10月には計画の
通り施設全体の立ち上げが終了したことによって、遂に「官営富岡
製糸場」としての開業が可能とされる状況にまで、それに関る全体
の工事が首尾よく進捗して行ったのであります。

　ところで、一口に製糸場とは言いますが、実はそこに設置されて
いる設備及び機器・機材類は、一見して分るように、まことに複雑
かつ多岐に亘るものなのであって、それがこのような短期間のうち
に完成にまで至ったと言うことについては、仏人技師らの側で余程
の努力が払われたからだと想像されるところなのであります。

　一方、この製糸場の敷地は、全体として東西が約210m、南北
が約250mと言う広大なものであります。そしてその敷地全体が
南側を流れ下っている鏑川の左岸に近い、河岸段丘の上に位置して
いるので、以降、この製糸場側が長期に亘って稼働して行くために
必要とされる清水の確保と言う点については、この場所はまことに

都合が良いと言える土地柄になっているのであります。

　このようにして、富岡製糸場の建設は、その全てが順調に進んで行ったのですが、それは、同じ時期に並行して行われていた横須賀製鉄所での建設工事においても全く同様なのですが、その要因には実はフランス人と日本人との間の人間関係と言うものが、実に旨く整合し合っていたと言う、人間性による一面があったからなのではないだろうかと想像されるところなのであります。

　いずれにしても、日本におけるその当時の養蚕業の様相と言うのは、現代の我々の視点から眺め直すと、先の明治維新における社会の激変を契機として大規模なる官営製糸場の建設が行われ、それが遂に稼働を開始したことによって、以降、日本の養蚕業は此れまでの単なる地場産業的な地味な職業に過ぎなかった業態からは脱皮して行き、平和な時代だからこそ求められる近代的なモデルであるところの種別集約型の産業形態の枠組を通じ、ついにシルク産業と言う新たな活躍の場を得て、その業態の中央で正々堂々と躍進して行く次第となったと言うことであります。

（3）製糸場で働く工女の募集

　さて、富岡製糸場の操業準備の面に関して目を向けると、各施設の工事が計画通りに進捗して行ったために、製糸場施設全体の完成が予定されていた明治5年が近づきつつあった時期に、この製糸場において働いてもらうための工女たちの募集手続きが、全国各地に

おいて一斉に始められて行ったのでありました。

　そして、この募集に呼応し、工女になろうと手を挙げた女性たちの出身地と言うのは正に全国津々浦々に及んでいますが、その様子を数字で表したものが次表なのであります。そして、この表の内容に注目すると、応募人数が特に多かったのは、やはり富岡製糸場の地元の群馬県とその近県と言う次第なのであります。しかしながらその一方で、なに故か、理由は定かでないものの、明治９年以降にあっては、滋賀県勢が極端に多くなっていると言うことが目立っているところなのであります。

　なお、その延べ人数を県別に振り分けて集計してみた、その様子が次のような結果であります。

工女の入場者数（明治６年～明治１７年）

	明治６年 ～８年	明治９ ～11年	明治12 ～14年	明治15 ～17年	合　計 （人）
群馬県	３９８	１５８	８７	６５	７０８
埼玉県	１８０	１６	３０	２７	２５３
長野県	１９１	２４	１０６	２５	３４６
栃木県	１１	６	６	０	２３
茨城県	０	０	８	１	９
千葉県	０	４	１８	８	３０
神奈川県	０	１２０	１２	３	１３５

新潟県	0	5 0	8 9	3 2	1 7 1
東京都	3	4 9	0	3 3	8 5
山形県	3 7	1 2	0	0	4 9
福島県	0	0	1	0	1
宮城県	3 0	5	0	0	3 5
青森県	0	1 0	4	3	1 7
岩手県	1 6	5	4	0	2 5
静岡県	4 4	6 8	2 3	1 6	1 5 1
愛知県	0	1	2 0	1 6 0	1 8 1
岐阜県	0	9	5 8	1 4 7	2 1 4
石川県	2	0	0	0	2
京都府	0	2 1	0	0	2 1
兵庫県	4	0	0	0	4
滋賀県	0	3 2 0	2 3 8	1 7 9	7 3 7
大阪府	0	0	2	0	2
奈良県	8	0	0	0	8
島根県	0	1	0	0	1
鳥取県	0	0	9	3 8	3 8
山口県	3 6	0	0	0	3 6
徳島県	0	1	0	0	1
大分県	0	0	2 5	1 4 5	1 7 0
長崎県	0	0	4	8	1 2
北海道	6	6	0	0	1 2

合計（人）	９６６	８８６	７３５	８９０	３４７７

　ところで、上表を丹念に確認して行くと、実は次のような事実が読み取れるのであります。

① 　操業の初期においては、地元の群馬県を始めとする、近隣の埼玉県や長野県から応募した人たちが圧倒的に多い。

② 　明治９年頃からは、やや遠方である滋賀県、静岡県、そして山形県といった、それなりに養蚕業に対して関わりが深い地域から応募してきた人が次第に増加して来ている。

③ 　数年遅れて、新潟県や岐阜県、愛知県そして大分県と言った後発の養蚕地帯からの応募者らが加わるようになった。

　そして、このような展開に沿って全国から集められた大勢の若き工女たちは、その後の数年間をこの富岡製糸場に寄宿してその操業に関与して行き、それによって養蚕及び製糸業に係わる知識と技術とを伝授されつつその数年をここで過し、しかるべき後、それぞれが再び故郷へと戻って行ったのであります。

　その結果、このような役務を通じ、その実業の世界への取り組みを体験することとなった若き女性たちの人数と言うは、明治１７年の時点において、延べ総数にて約３千５百人と言う圧倒的な人数にまで達していたのであります。

（４）経験者に求められる文化的活動

　富岡製糸場において工女として勤め上げ、一定の年数を経て退所した人の数は、前述の通り、延べ人数にて約３５００人にも上っており、そのことは、年間の平均においておよそ２９０人もの人達が入れ替って行ったことを意味しています。

　さて、この退所者たちが、その後どのように過ごすに至ったかについて、果たして追跡調査というものが行われたかどうかに関しては全く明らかではありませんが、しかしながら、およそ１０名ほどの女性に関して、その後における去就と言う一面が明らかにされていて、それらの方々の多くは、富岡製糸場にて勤務したその経験に基づいて、その後には、当時、各地にて操業が開始されるに至ったところの比較的小規模な民間の製糸工場において、各自がそれぞれ独自に指導的な役割を果して行ったと言うことが明らかになっている次第なのであります。

　実を言えば、このような実態と言うのはそれなりに喜ばしい限りなのであって、そのような展開が各地で生れて行き、その後においてもその裾野が少しでも拡大したようであれば、そこには絹製品が関与して生まれたところの、温かい日本的文化の灯（ともしび）が点火され、多くの人々がそれに浴することになって行き、その結果を誰もが喜んでくれたのだろうと思うところなのであります。

　なお、工女に関わるこれらの事柄に関しては、後の８章において幾つかの個別的な事例について詳述して行くこととします。

4　製糸場設立の背景と操業開始

（1）　製糸場建設の背景とその進捗状況

その1　製糸場建設計画の背景

　日本における養蚕業に由来した生糸の生産は、すでに江戸時代の初期には始まっていたのであります。しかしながら、その時代においては、生糸は自家消費を前提とした、地域的な流通範囲に限って産出すると言うことが前提であったため、国外にまで流通させ得るほどに大きな規模の生産には至っていなかったのであります。

　その一方で、時代が進んで近代へと至ると、外国との間の物流が盛んになって行き、その結果、日本が産出するシルク素材の布地と言うのは、極めて女性に好まれる被服用素材として好評を博すこととなって、故に米欧等の海外において、その普及に対して人々から大きな期待が掛けられるに至ったのであります。

　そのような国際的な市場状況の下で、時代が明治へ移ると、政府はフランスに習い、いち早く、生糸の大量生産に向けた新たな構想を打ち立てて行き、そのための製糸場用地の確保等に向けて、日本としての独自の構想を固めて行ったのであります。

　そして選ばれることになった建設地が、その時代に養蚕業が最も盛んな地域の一つでもあったところの、群馬県西部に位置する富岡の地であったと言うことなのであります。

そもそも上州（群馬県）は、江戸時代からすでに全国でも有数の養蚕地帯だった訳なのですが、その中にあって上州西部は丘陵地であり、その土地柄が桑木（カイコの餌となる低木）の植栽に適していたために、養蚕業の集積地に発展したと考えられています。

　従って、養蚕業に係わりの深い製糸場の建設については、それが国策として進められたこともあって、その「国営製糸場の建設計画」は、この富岡の地においては、住民の側からのさしたる反対を生むこともなく、静かに受け入れられて行ったのであります。

その2　製糸場に関する基本構想

　元々、この国営富岡製糸場の建設は、富国強兵なるスローガンの下で、明治維新の後の新政府が看板的な意味合いをなす国策の一つとして掲げるに至ったものであって、実を言えば、それは維新政府の役人たちが一方的に打ち立てた構想だったのであります。

　さて、製糸場建設地の決定に際しては、当時、国内で最も養蚕業が盛んに行われていた地域であった上州（群馬県）のうち、地理的な面の条件として、利水性が良いことと鉄道（信越線）から離れていて、煙害の心配がないと言う二つの条件が揃っている地域を選ぶことが前提とされ、その条件に沿って、具体的な建設地として富岡の鏑川左岸台地への建設が決定されて行ったのであります。

　一方、その間における政治的な経緯によって、特にフランス政府の側から特別な支援が得られる見通しとなったことから、それ以降にあっては、製糸場の建設のための工事の策定にはフランスの企業が直接に関与するところとなって、その企業が持ち得ていた技術的

な裁量の下で、工事は同社側の責任施工の下で自主的に遂行される
 こととなり、それ以降、この製糸場の建設に係わる個々の工事全体
は一気に進んで行ったと言う次第なのであります。

　そのため、富岡製糸場の建設工事においては、結局、明治政府の
側が関与したのは、実際のところ、工事の全体が基本構想の通りに
進んでいるかどうかの確認なのであって、その工事監理的な役割と
言うのは、実は政府側の指名により、埼玉県深谷市に在住し、政界
の側に気脈が通じていた人物であるところの韮塚直次郎に対して
委任されたのであります。

　そして、現場工事における計画から建物の設計・施工そして種々
の設備の導入や設置等については、その一切をフランス企業が主体
的に仕切ることとなって行き、同様に、そのための工事の監理監督
についても、その工事に携わることとなったフランス側の技術者が
前面に出て、その責任下で進められて行ったのでありました。

　このようにして、富岡製糸場の建設工事は平穏下に進捗して行く
次第となって、明治５年（１８７２年）６月には早くも完成近くに
まで漕ぎ着けたのでありました。そして各施設は、当時、フランス
国内にあって既に稼働が開始されていたところの、その製糸工場に
全く酷似の、緻密な繰糸装置類を数多く備えた大規模なる製糸場の
建物、及び付帯する諸々の設備等一式なのでありました。

（２）　　製糸場の操業開始当初の様子

その1　皇太后陛下と皇后陛下の行啓

　富岡製糸場の建設にあっては、工事を受注したフランス企業側の力強い指揮監督と、工事に直接たずさわった技術者たちの積極的な努力とによって、明治4年3月に起工したその建設工事は、その後においても極めて順調に進捗して行き、計画に沿った工事完成へと向って懸命なる努力が払われて行ったのであります。

　そして、工事の進捗状況全体が最終の段階にまで達していたとは言え、未だに現場の混乱した状況自体が収束してはいなかった時期の明治6年6月に、工事下にあったこの製糸場の現場に対し、なんと、皇太后陛下及び皇后陛下ご一行によるところの行啓が行われることが明らかにされたのであります。

　さて、その前日、先ず、下見分のために数名の女官が来場したのであります。その際、女官の方々は越後縮（ちりめん）にかすりのお召し物を着し、下げ帯を着用されていました。その帯は白い綸子で仕上げた仕立帯であって、その両端1尺3寸程のところが抱芯によって太くなっていましたが、それを無理やり結んでおられましたから、そのような仕度に見慣れていない者からすれば、かなり可笑しく見えた訳なのであります。また、髪の形にしても、まるで椎茸のように鬢（びん）が張った体裁なのであります。そして露出した肌が真っ白になる程に白粉（おしろい）を塗っていましたから、至近でそのお姿を直接ご覧になった工女たちは、その際には、誰もがお互いに顔を見合いながら、必死に笑いをこらえるような顔付きをしていたのでありました。

いずれにしても、そのような経緯の下で、女官たち全ての方々が
お帰りになった当日の夕方、部屋長が宿舎を巡回して行き、各部屋
の者に対し「今日、女官の方々の姿を拝見し、内心お笑いになって
いた様子ですが、そのためにお役所からは大変なお小言を頂戴して
しまいました。もし、明日もそのようなことがあれば、更にお叱り
を頂戴することは明白ですから、くれぐれも注意するように」との
叱責の言葉が申し渡されてしまったのであります。

　そして、その当日、関係する工場内の各場所は早朝からの掃除が
行き届き、いずれの箇所も見事に清浄さが保たていれました。
　一方、工場内にあっては、それぞれの機械装置が通常通りに稼働
されて行き、それに伴って工女たちも通常通りの配置に就き、また
その傍らで、賓客の歓迎のために職員及び残る工女ら総勢２００人
ほどが製糸場の東側入口脇に勢揃いしたのであります。
　この当時には、富岡製糸場における工女の人数は総勢で３００人
ほどだったのでありました。

その２　製糸場に係る外国人等との接点

①　ブリューナ氏とその奥様

　フランス人のポール・ブリューナはフランス国内における生糸の
主要な生産地にて生れ、絹織物の取引きが盛んな街であるリヨンの
生糸問屋にて働いていた、生糸の専門家なのであります。
　その後、彼は、生糸の取引きを専門とする会社にて勤務していた

関係から日本へ派遣されるところとなり、横浜の外人居留地に立地する同社の支店にて働いていたことで、富岡製糸場の建設に関して日本政府との間で特別な関係が生じて行ったのであります。

　明治３年に、日本政府はこのブリューナとの間で役務契約を取り交わし、富岡製糸場の建設工事の指揮、そして製糸場にて働くことになる日本人女性に対する製糸技術等の指導を託すことにしたのであります。そのために、このブリューナ自身は早い時期からこの富岡の地に赴任し、かつ、製糸場工事の現場に駐在して、その期待に応えるべく精力的に振舞って行ったのでありました。

　そして、そのブリューナ氏の奥さんであるブリューナ婦人なのでありますが、夫君が富岡製糸場において生糸の品質管理に係る業務に従事することになった期間が永かったために、その時期にあっては、ご夫妻は共に富岡製糸場に駐在していたのであります。

　このブリューナ婦人は実に気さくな方であって、休日ともなると工女たちに声を掛けて来て彼女らを異人館へと誘い、ビスケットや葡萄酒等々の飲食によって持て成してくれたのであります。そして工女らとの間のこのような良い関係と言うのは、ブリューナ夫妻が帰国することになるまで続いたのであります。

②　バスチャン及びグレーフェン

　フランスのシェルブール生れのバスチャンは、元々は地元の造船所にて働いていた工員だったのでありました。

　そのため、彼は幕末時期に来日した後、一時、横須賀造船所にて職工として働いていて、その後の明治４年（１８７１年）になって

大蔵省の嘱託としての立場を得た後に、富岡製糸場での建設工事に従事するに至ったのであります。しかしながら、その翌年には一時的に帰国したりした一方、その後にあってもしばしば職場を離れる等と、彼の腰は少しも落ち着かなかったのであります。そして彼は後の明治21年（1888年）に横浜にて死去しました。

　一方、ドイツ人のグレーフェンは、化学者のゼーゲルと共同して明治3年（1870年）に東京で事務所を開設し、その3年後には万国博覧会の日本事務局職員となってウィーン万国博覧会に向けて日本人を案内したりしました。また、明治8年には内務省の職員として、群馬県の新町において紡績所の建設工事を指揮したりしていたのでありました。

③ 山添 喜三郎

　新潟県にて生まれた彼は、生来、舟大工としての技量を持ち併せていて、東京に出てから建築大工に転じて行きました。そして後に彼の親方がウィーン万国博覧会のための日本館建設の大工棟梁に選ばれたことから、彼自身も事務局員の一人として選ばれて、明治6年（1973年）にオーストリアへと出向き、現地における雑務を仕切って行ったのであります。そして、この万国博覧会が半年後に閉幕した後も彼はすぐには帰国せず、ロンドンへと渡り、そこで独自の仕事をこなした後に帰国したのであります。

　実は、彼はこの時、くず繭を対象とした製糸の実態を見聞したのであります。そしてその見聞は、彼が後に新町紡績所の建設に関与し、設備の導入を進める立場になったことによって、日の目を見る

こととなったのでありました。また、彼は後に宮城紡績会社の建物の建築に関わる等、幾つかの建築案件を処理しています。

5　創業後の富岡製糸場の様子

（1）工女の入場と日常生活の実態

その1　寄宿舎での生活

国営製糸場の更なる整備が進む中で、政府では、富岡製糸場にて働いてもらうための工女の募集に進んで行ったのであります。またそれと並行して、富岡製糸場の構内では、工女たちに使ってもらうための寄宿舎の建設と集会所等の整備が進められました。

寄宿舎については1室2名を基本として、近隣に住んでいる者を除く、他のすべての者を収容することが前提とされたために、その当時、相当の部屋数に及ぶ寄宿舎が設けられていました。

現在とは異なり、当時の工女たちは、その誰もがこの寄宿舎にて秩序正しく暮しを立てて行き、そして、期待されるような自立心のある立派な娘としての成長を遂げて行ったのであります。

その2　食事提供のための施設

　製糸場開業の初期にあっては、寄宿舎で暮らす者のみに対して朝・昼・晩の３食が提供されました。そして、遅れて製糸場の構内に食堂施設が開設されるに至ったので、その後には、昼食については、近くに住み通勤によって就業していた者たちを含む、工女たち全員に対して供給されるようになったのでありました。

　この時代に、勤労者への食事が事業者によって提供されたと言う点では、富岡製糸場は特異な就労環境にあったと言えます。

その3　休養室及び医務室

　製糸場内には、体調を悪くした者が出た場合に、一時的に休養をとらせるための休養室が設けられました。また、医者を駐在させることができる規模の医務室までが用意されていました。

　そして、そのような配慮がなされていたために、工女たちは誰もが安心して就労に励むことができたのであります。

その4　その他の施設

　大勢の工女たちが、集会や習い事をしたりする場合などに使用することを前提として、富岡製糸場の構内には、集会室という名称の特別な部屋が設けられていました。そして、この場所が実際に有意義なる使い方で利用されていたのは、主に、和服の仕付け方の指導や日舞の稽古などの場合だったのでありました。

その5　休日のあり方

　日曜及び祭日については休日とされました。従って、工女たちは自由に外出（日帰りのみ）をすることが許されました。一方、年末から年始においては帰省することが認められました。

　しかしながら、どこへ行くにしても歩く他はなかったこの当時にあっては、日帰りが可能な範囲と言うのは必然的に富岡の周辺、また、頑張ったとしても高崎あたりと言うように限定されてしまっていました。それでも、街で外食をするとか、買い物をするといった程度のことであれば、それ自体は自由に行うことが可能であったので、休日を迎えることは、工女たちにとって心の安らぎを得ることができる、実に楽しいひと時だったのでありました。

（2）工女たちの仕事の内容

その1　工女たちの職場の様子

　富岡製糸場にあっては、糸繰り場における繭釜の数が片側1列で25台の釜の列が12列も配置されていたので、総計で300台もの繭釜が設置されていたのでありました。しかしながら繭釜については、付帯する設備等を併せて定期的に点検をする必要があったので、そのため、通常は、そのうちの200釜ずつを使用すると言うのが当時の職域設定上の前提となっていました。

そして、その繭釜を西側から数えて１００釜を１等台とし、次の５０釜を２等台、残る５０釜を３等台と位置付けて行き、技術力の高い者が１等台を受持ち、それに準じた技術の者が２等台を、そして残った者が３等台を受持つことになるのであります。

　そもそも、この糸繰り場における糸繰り作業と言うは、繭釜の中で煮えたぎっている繭のうちの数個の繭について、その繭の糸口をとって行き、糸繰り場の機械装置によって繭釜の上部にて回転している木製の揚げ枠（４角形の取外せる枠）に対し、撚りが入りながら巻き取られて行く状態を管理するというものであります。

その２　製糸場での工女の主な作業

　糸繰り場での糸繰機の下部には繭釜が設置されています。そして繭釜の中の繭は、その糸が順調に巻き上っている時には、繭釜の湯の中でコロコロと軽快に転がっている訳ですが、もし、その途中で撚り糸の１本が切れたような場合には、その状況をそのままにしておくと撚り糸の数が少なくなってしまいます。その様子は、それまで軽やかに動いていた繭の動きが止まってしまうことで判るので、その際には速やかに繭釜の中の他の繭の糸をほぐし、その都度、撚り糸を補充して行くと言うことが必要になります。また、個々の繭糸についても、その糸が全て解け終えてしまっていれば、他の繭の糸口をとって補充して行かなければなりません。そのために、この糸繰り作業において、もし、それを怠ってしまえば、出来上って行く生糸の撚り数が不足することになって、その糸の品質を悪くしてしまうことに繋がって行くのであります。

そのため、もし、そのような操作が旨く行かないような場合にあっては、上部の装置によって、回転状態の糸車を一時的に空回転にする操作を行い、糸の引き上げを止めないと、出来上った糸の撚り数が不足して、品質が悪いとされるような製品が出来上ってしまうことに繋がるので、この糸繰り作業においては、そのようなことを意識しつつ、作業を行なわなければならないのであります。

　しかしながら、糸繰り場での作業にあっては、通常、工女たちは複数の繭釜を担当することになる次第なのですから、熟練した工女たちにしてみれば、そのことは、通常、さしたる無理もなく達成されて行くものなのであります。

（３）工女の昇格及び就業年限等

その１　工女たちの昇格

　操業初期の時代にあっては、富岡製糸場における工女らの就業に関し、昇格や就業年限等に関する規則と言うものは必ずしも明確には定まっていなかった様子なのであります。

　したがって、例えば、昇格等について観て行くと、仕上げた生糸の処理数が多ければ、腕の良い工女として評価されて行き、一方でトラブルを起こした事実があれば、マイナスの評価がされると言う程度のものだったと思われます。そして、その程度や結果の次第によって叱責（戒め）を被ったり、賃金に影響が出る場合等があった

のだと思われます。しかしながら、そのようなやり方自体は現代でもほぼ同様だろうと思われるところなのであります。

　一方、就業年限と言う点では、当初にその交渉が行われて年限が明らか（主に短期雇用の場合）にされている人もいれば、必ずしもそうでない人もいたようなのであります。

　いずれにしても、工女の側にしてみれば、若い身空でありながら親元から離れ、一人で生計を立てて行くと言うことは決して生易しいことではないのであります。しかしながら、この当時のこと故に、例えば、その人が親元への仕送りを約束していると言う立場であれば、適当にその仕事を放り出し、勝手に帰郷してしまうと言うような訳には行かないところなのであります。

　このように、いろいろ想像を巧みにして行くと、この時代に工女として働くと言うことは、言ってみれば現代の修行僧のようなものだったのではないかと思い至ってしまうのであります。

その2　工女の昇格事例

　工女として働く彼女たちは、仕事の成果を上げるためにその誰もが懸命に仕事を覚え、能率を上げるための工夫と努力を怠らなかったのでありました。また、その当時にあっては、工女が働く現場の様子について、仕事上の指導者として雇用されていたフランス人の女性が製糸場内を適宜巡回しつつ、彼女たちの仕事の様子をそれとなく注視していたのであります。

　さて、工女の一人である和田英などは、ある日、突然の如く呼び出されたために事務所へと出向いて行くと、そこで取締役の偉い人

から「和田英殿、1等工女を申付け候事」と訓令され、それと同時に支給される給料が上ることになったのであります。その時、彼女の眼からは涙がこぼれ出ていたそうであります。

　そして、この「1等工女を申付け候事」は、その後に次々と増えて行ったのですが、実は、その多くは年長者だったのであります。一方、このような時代の工女の月給は、1等が1円75銭、2等が1円50銭、3等が1円というものだったのでした。

その3　工女の就業年限

　製糸場の業務と言うのは、女子であることが適する職種が主体になっていて、そのために、基本的には、工女たちによる規律を重んじた就業態度と、生産物たる生糸の品質への配慮に対する高い就業意識によって、その成果が支えられていると言えます。したがって気力と体力の両面で各自がこれに応えられる状況にある限り、その業務に従事する（責任を持つ）ことが認められました。

　従って、富岡製糸場においては、工女に関する限り、年齢によるところの就業制限は行っていませんでした。

（4）工女の成長と役割の変化

その1　工女各自の言葉の使い方

富岡製糸場にあっては、その操業に合わせて全国から大勢の工女たちが集まって来た訳でありますから、実を言えば、彼女ら個々の言葉使いにあっては、必然的に、その出身地に固有の訛りと言うものが付きまとっていた訳なのであります。それ故に、隔たった地域の出身者相互にとってみれば、往々にして、その言葉自体が帯びている本来的な意味を正しく汲み取ることが出来ない事態に陥ったりして、そのために、職場のみならず宿舎での行動にあっても混乱を来たすような事情等がしばしば生じていたのではないか、と言うことが想像できるところなのであります。（工女が書いた富岡日記においても、そのような意味の記載が認められます。）

　その点で、製糸場に入場して、彼女たちが先ず初めに求められることになった事柄は、正しい言葉使いによって話すと言うことなのでありました。それは、実は時間を費やさざるを得ないような難題ではあったでしょうが、その意識を持ちさえすれば、やがて修正されて行くものでもあります。また、その後に、彼女たちが帰郷した際には、今度は指導者の側に立つと言うことが考えられる訳なのでありますから、そのような都合においても、富岡製糸場で、彼女らへの公私にわたる指導（または躾け）等々が為されたことに関しては、大きな意味合いが込められていたと思うのであります。

その２　礼儀作法と規律の遵守

　富岡製糸場に入場した工女たちは、様々な地域からやって来たと同時に、実家の家業もそれぞれであり、また、比較的若年層の者が多かった訳なのでありますから、その多くは、現実的な問題として

41

組織の中で当然の如く求められるところの、礼儀作法と言うものには疎い人が多かったのであります。したがって、彼女ら工女たちに対しては、先ず、常識として備わっていなければならい当然の礼儀作法や組織をまとめて行く上での規律について、製糸場側が推した年長の指導者を通じ、仕事を進める中において、その都度、そのための指導が行われて行ったのであります。

　また、それによって、指導者（上位職者）が特定されている場合には、その者の指図に従うと言うことが厳格に守られて行かなければ、職場の秩序を規律ある状態に維持して行くと言うことが困難になってしまうことを、各自に対して知らしめたのであります。

　しかしながら、その場合に、それぞれに多少の年齢の差があったとしても、その各人が互いに新人であった場合には立場は同じなのであります。そのため、基本的なこととして、富岡製糸場においては、職場を秩序ある状態に保つ面において、まず、指導者が誰かを明確にした上で、常に指導者の指図には従うという、規律維持の面での基本的な礼儀作法を工女たちに繰り返し教え、そして、それを順守すべきこと求めました。また、同じ意味で、日常における礼儀作法についても気を配るべきこととして、各人が常にそれを意識し合うように指導が徹底されて行ったのでありりました。

その3　就業規則とその遵守

　富岡製糸場においては、類似例が無い時代であったにも拘わらずその組織や業務運営のあり方、就業の時間や食事・休憩そして休日のあり方等々に関し、その当初から整然とした規定や規則が定めら

42

れていました。従って、製糸場の設備の稼働や工女の就労のあり方等に関しては、そのような規則上で定められたところによって業務に係わる管理が整然となされて行ったのであります。

　しかしながら、この時代にあっては、富岡製糸場のような女子の就業を前提とした公的施設と言うものは、実質的には皆無の状況にあった時代なのでありますから、工女たちに合わせた規則の制定に際しては、相当に苦慮したことが伺われるところであります。

　また、その一方で、通常、規則というものは集団組織のあり方を固定化するためのものなので、その内容に関しては、誰もがそれを遵守することができるようなものでないと、規定した規律の遵守を長期に亘って堅持することが出来ないと言う、矛盾した事態にまで陥ってしまう次第なのであります。

　その意味で、大勢の若き女子の就労を前提としたこの富岡製糸場にあって、就業上に関わる事柄について規定を定める際には、その遵守が可能かどうかについて、十分に見極めを行うという必要性がありました。そして、一度決めた事柄については、それを徹底して遵守すると言う姿勢を貫き通すと言うことも、また、規律面を保つと言うことを徹底させて行くためには、たいそう重要な事柄だった次第なのであります。

その4　居室での振舞い

　工女らの居室は相部屋が前提とされたのでありますが、基本的に人にはそれぞれ個性があるものの、一方で、その自我を抑えた振舞いが求められるところでもあり、また同時に、他者との折り合いを

良くして行くという、気使いの心を養うことが求められます。

　それ故、富岡製糸場においては、それをわきまえた上で、楽しく過ごすための方法を、皆で作り上げて行くと言うことが求められました。そして、その意識と言うのは、職場において就業中の場合においても同様に求められるものなのでもありました。

　また、他にも、意味もなく大声を張り上げたりしないと言うような事柄について、お互いの気心が通じない際には旨く行かない場合があったりしますが、その様な些細な事柄と言うのは、実は、時を経れば、お互いに折り合えるようになるものなのであります。

その5　清潔清掃の心掛け

　職場や居室における清潔清掃の実行は、いわば当然のことなのであります。富岡製糸場にあっては、共同使用を前提としている便所等々に関しても、順番を決めるなどした上で、皆が定期的に掃除を行うようにしました。そして、同様に、自分の着衣や用具等を整理よく保つと言うことに対しても、各自が自覚を持つと同時に、お互いが注意を払い合うと言うやり方の中で、彼女らは、清潔清掃及び身の廻りの整理整頓に気を配ることとしたのであります。

　また同様に、それぞれが職場や居室での自分たちの身だしなみに対して気を配ると言うことについても、それは清潔さと同時に精神性向上の意味合いにも含まれる事柄の一つなのであって、そのために、彼女らはお互いにそれを確認し合いながら、常にそれを徹底させることを心掛けて行ったのでありました。

（5）製糸場内での主な出来事

その1　皇室からの御神酒下賜のこと

　前述した通り、明治5年6月、皇太后陛下及び皇后陛下御一行が製糸場の現場へ行啓されましたが、その際、製糸場では、両陛下から御神酒（おみき）を下賜いただいたのでありました。

　そのため、製糸場においては、しばらく後に、その御神酒を皆で頂戴することを含みとした「御神酒頂戴」なる特別な催しが行われたのでありました。

　それは製糸場の全員を集めた催しだったので、芸事の才能がある人達はその芸を披露しつつ、その場に用意されたお料理とお酒とを戴くことになったのであります。そのために、身に覚えがある人にあっては、演台に上って民謡やら歌舞演芸等々と、いろいろな芸事を次々と繰り出して行き、大そう賑やかな酒席となって行ったのであります。そして、そのような余興が一段落した後、事務方の上位職者によって、皇室の印の「菊の紋章」が入った扇子が、各自それぞれに対して手渡されるに至ったのであります。

その2　製糸場における主な出来事

① 春のお花見のこと

　例年、3月末ともなると、製糸場の一同は、近くの一之宮神社ま

で揃って桜のお花見に出かけるのであります。そして、その際には工女のみならず、取締役の方々や賄い方たちも揃って同道するのでありますから、その人数はなんと何百人にも達していて、その様子は、まるで子供たちの遠足のようでもありました。

　お花見の席には三味線が加わりますから、工女や饗に乗った男衆は直ぐに踊り出していました。そして、その中には別嬪さんがおられましたから、それらの人には声援が送たれたりして、より一層の賑わいと言うものが醸し出されて行ったのでありました。

　また、その上で、持込みの手料理とお酒等々がさらに振舞われたため、飲める人もそうでない人にとっても、その日ばかりは気休めとなる無上の行楽日となって行ったのであります。

②　夏の夕涼みのこと

　暑気が強まる時期に入ってくると、誰でも仕事に差し支えるほどに体力が落ち、気力が失われてしまうほどの状態に落ち入ってしまうことがあるものです。これはいわゆる「暑気あたり」と言う症状が現れた時の状況を言っていますが、それは、通常、暑くて湿度の高い環境に長時間に亘って居続けることが原因となっているのであります。その意味で、製糸場（特に操糸場内）にあっては、そのような危険をはらむ不全なる要素があり得たのであります。

　したがって、湿度が高く熱い初夏にあって、夕涼みを奨励すると言う習慣が生れたのは、その「暑気あたり」を防ぐために、日陰にてちょっと休むと言う意味の、日本的な発想法によるもののようであります。製糸場にあっても、そのような時期には夕涼みを楽しむ人たちが多かったのであります。

③ 賄い方が行った芝居のこと

　ある年の瀬に、部屋長から、今夜、賄い方にてお芝居が催されるから、各自で参上するようにとの「おふれ」が渡りました。そのため、皆さん方は共に喜んで、声を掛け合いながらその場所へ参ってみると、何と大釜が何個も設置さている、その場所の上に舞台及び花道が架けられていて、すでに顔の知れた賄い方の何人かが役者となって鬘（かつら）をかぶり、衣装を着けて、その舞台上に勢揃いをしているのであります。

　演じたお芝居の演目は定かでないものの、舞台の上では、白玉と申す花魁（おいらん）が恋人と道行く途上で、いろいろ申し立てておりますと、花道から、製糸場の印が入った弓張提灯を持った副取締役の相川様と、顔の知れた中山様が出てまいりました。その芝居がどんな展開になって行くのか興味が募り、しばらくの間その様子を伺っていると、その後は、なんと筋書きとはおよそほど遠い内容の「ドタバタ騒ぎ」が続いて行ったのであります。

　そして、後に知れたことは、その芝居が製糸場の事務方には無届けで演じられようとしていたために、急遽、製糸場の責任者の側が手入れを行うことにしたために生じた、突然の出来事だったと言うことなのでありました。

④ 寄宿舎の様子と年の暮れのこと

　工女たちが住む部屋には、各室それぞれに火鉢が置かれていました。そして秋が深まって行き、寒さがより一層身にしみるような頃になると、賄い方によって朝・昼・晩の3回に亘り炭火が配られる

のであります。廊下には追い炭の用意がしてありますから、炭火を維持することは各室それぞれで行う必要がありました。

　工女たちの部屋は２人住いで、寝具は用意されていますが、しかしながら、寒中にあっては、用意された蒲団だけでは暖がとれなくなってしまうので、その際には蒲団を重ねて、二人で背中合わせになって寝たりしていました。また、手水場（便所）は寄宿舎の端にあって、遠い部屋の場合にあっては２０間（約３６ｍ）ほど離れるので、寒い時期には用足しをするのが厄介でありました。

　一方、製糸場の仕事は、年末は１２月２８日に終了になり、年始は１月４日でありますから、実家が近い人たちは帰郷し、その一方で、実家が遠い人たちは寄宿舎に籠城するしか、他には気が利いた手立てと言うのは無いのであります。したがって、帰郷せず寄宿舎で籠城する人たちに対しては、食事は提供されるものの、年末年始といっても、その６日間は普段と特に変わることのない内容の食事を、誰もが我慢しつつ頂かざるを得なかったのであります。それは誠に寂しい限りの越年だったのでありました。

⑤　製糸場内での食事の取り方のこと

　製糸場における食事は、通いで勤務された人は別として、寄宿舎に住む人は、その初期には誰もが自室にて取っていました。そしてその食事は、彼女ら女工たちの部屋の前に、その人数分だけが用意されていたであります。

　しかしながら、しばらく後に大食堂が開設されるに至り、誰もが利用できる状況となって行ったので、その後にあっては、椀と箸を持参すれば良いと言うように改善されたのでありました。

48

一方、その食事の内容ですが、月のうちの１日と１５日には赤飯と鮭の塩引きが出ましたので、それは、内心で誰もが楽しみにしていたものでありました。しかしながら、普段の日においては佃煮や干物類、そして芋や漬物ばかりが続いていたので、女子の嗜好には合わず、閉口した人が多かったのであります。

⑥ 病人の発生とその対応措置のこと

　ある時、工女の一人が体調を崩して立ち上がれなくなり、その日のうちは部屋で休んだのですが、翌日になっても立ち上がれない程の様子が続いたため、製糸場内にある救護室へ移されて行き、そこで医師による診察が行われたのであります。

　そして医師の診察により、彼女が脚気（ビタミン不足による足のしびれ）を患っていると診断されたため、その翌日、彼女は製糸場内に設置された病院に入ることになったのであります。しかしながらその際の彼女の様子は、入院したとは言え、そもそも立ち上がることさえ出来ない状態にあったために、その付添い人として同僚の和田英が指名されて、病人の介護に当ったのであります。

　しかしながら、脚気を患った病人の看護ほど大変なものはないのであって、食事は進まず、そして立ち上がることさえ出来ない状態にあるので、そのため、一人では憚り（トイレ）に行くことさえも出来ないのでありますから、幾日にも亘って、その度ごとに介護人が付き添わなければならない状況が続いたのであります。

　一方、明治１３年には、チフスが全国的に流行したために製糸場の工女たちも罹患し、多数が死亡する事態となりました。

（6）工女の離職及びその後の状況

その1　工女たちの離職事情

　富岡製糸場にあっては、工女らに対して、就業年限という意味の特別な規則と言うのは定めてはいませんでした。従って工女たちの離職というのは、現実的には、本人の婚姻あるいは繁忙化した実家の家事を手伝うと言った、実務的な側面での事情によって成されていたのであります。それ故に、そのような工女たちの離職に際しては、製糸場の側においても、また、仲間の工女たちの側にあっても離職していく人々に対しては、温かい謝恩の気持ちを持って、皆がその送り出しに対処して行ったのであります。

　一方、その後に見受けられるようになった特定工女の離職案件にあっては、その様子がいささか異なっていたのでありました。

　実は、その背景には、その時代に高まった地域的需要と言うものに対処すべく、地元の資本によって各地で立地して行ったところの小規模な製糸場が次々と創業され始めたために、事業開始の段階に至り、その事業者が、その地の実務指導者に迎え入れようとの思惑によって、富岡製糸場にて育て上げられた熟練工女を引き抜いたと見做さざるを得ないような工女の離職事例と言うものが、その頃にあっては度々見受けられたのでありました。

　しかしながら、このような状況と言うものをどう評価すべきかに関して、視点を変えて観れば、実はそれは、日本の絹産業のすそ野が拡がることだと解釈することができない訳でもない次第なので

あります。そのために富岡製糸場の側としても、それ自体は止むを得ないこととして静観していたようなのであります。

その2　工女たちの離職とその後の行動

①　青山さんの場合

　青山さんは、近隣の人たちが上州（群馬県）へ製糸技術を学びに行くという話を聞き及び、両親の許諾を得て、同郷の２４名と共に出石（現在の兵庫県豊岡市内）を旅立って行ったのでありますが、それは、旅慣れていない娘たちの巡礼の如き旅姿による辛苦の長旅だったのであり、３０日にも及ぶ道中を経た後に、やっとの思いで国境の内山峠を越えて、ようやく上州の地へと足を踏み入れたのでありました。そして長旅の最終日を富岡町内の宿屋で過ごしたその翌朝、皆で揃って富岡製糸場へと出向いたのでありました。

　さて、その時に製糸場に集合した青山さんを含む２５人は、製糸場側での都合によって６組に分けられた上で、各組単位にて寄宿舎内の各部屋へと入室することになりました。そして、翌日から職場への入場が始まって行き、所定の段取りに従って、逐次、定められた作業場において、就業に関する実務上の指導が展開されて行ったのでありました。

　一方、製糸場における彼女たちの作業への取り組み方でありますが、それに対し、その大多数の者は、決して辛いとは感じなかったそうであります。知らない人たちばかりが多かった訳ですが、中には関西訛りで語り合う人たちもいることが分ったので、彼女たちに

してみれば、多少は心強い気持ちになれたのでありましょう。

そして、彼女たちは、その後の６年間をこの富岡製糸場において過ごした後、迎えに来てくれた友達らと共に帰省することとなったので、先ず、東京へ立ち寄って明治神宮を参拝したりした後、定期船によって東京から神戸へと戻って行き、その後、それぞれが自宅へと引き上げて行ったのであります。

なお、その後しばらくして、その中の青山しまさんは、兵庫県城崎郡久斗（現在の豊岡市）の民間製糸場から指導者として招かれる次第となり、そのために、彼女は、自身がこれまでに体験して来たところの製糸作業に伴った様々な実務を、その地元の多くの人達に対して丁寧に指導して行き、生糸の民生面での普及に必要とされていた活動の一端を自ら担って行ったのであります。

② 飯野さんの場合

富岡製糸場の建設が終盤をえていた頃、工女らの募集を指揮していた明治政府は、その実務を地元に近い高崎市に対して委ねて来たのであります。そして飯野さんは、元高崎藩士の娘であって高崎の町内に居住していたため、両親からの強い説得によってその任務を付託されてしまい、いわば人身御供の如く、製糸場の初期の時代における工女の一人として働くことになったのでした。

彼女（当時１５歳）は、父に連れられて富岡製糸場へ入場したのでありますが、その時には、すでに２０人ほどの人達が工女として入場していて、その中に公家の姫君と言われた人がいました。そして、彼女はその人と組み合わされた後に、製糸場での作業の修習を

開始することになったのであります。

　製糸場には若い３人のフランス人の女性教師がおりまして、入所した直後には、先ず、繭の良し悪しの選別の仕方を学び、次に製糸場にて糸繰り機器の取扱い方と共に、湯釜の中に浮かせてある繭の糸取りの方法を学んだのであります。フランス人教師たちは、彼女ら工女たちに対して実に丁寧に接し、自らその作業を実行して見せた上で、その後に工女らに対応して行き、その作業要領と注意点について分かり易く指導して行ったのであります。

　一方、工女である彼女の実兄が、すでに英語を話すことの出来る人であったため、彼女としても仕事が終わった後には、富岡製糸場の公舎にて暮らす外国人に就いて、語学である英会話の勉強を始めたのであります。そして製糸場を退所する頃には、日常の会話程度のことは話せるようになっていたのであります。

③　宮下さんの場合

　群馬県の山間部である吾妻郡東村の出身の宮下（旧姓小林）さんは、富岡製糸場にて働く女工たちの話題を聞き及び、それに憧れを抱くようになって行き、１４歳になった時、自ら志願した上で富岡製糸場への入場を果したのであります。

　最初のうちは使い走りのような事をさせられていましたが、次第に糸揚げの仕事に就かせて貰えるようになったのであります。その際に、フランス人の指導員から「上手、上手」などとおだてられたりした、その一方で、少し油断していると「娘サン、仕事！」などと後方から煽られたりしていたのでありました。

宿舎では、最初には6畳の部屋に3人で住んだのですが、彼女にしてみればそれほど不便とは感じなかったそうであります。部屋の明かりは行燈一つで、冬には火鉢が置かれました。その一方で日曜や祝日は休みだったのですから、その際には富岡の町内に出掛けて行って、買い物等を楽しんだりしました。

　また、年末年始等の休日が続く際にあっては、その旨を届け出さえすれば、実家がそれ程遠くはなかった彼女のような場合にあっては、両親の元へ帰ることが出来たのであります。

　さて、仕事をしている際の彼女らの楽しみは、何と言っても食事なのでありました。その当時にあっては、工女数は数百人にも及びましたから、仕事と食事場所との都合により時間をずらしながらの食事となるのですが、時には大勢の人が並んでしまうことがあったりします。そのような際に男衆たちも並んで待つのですから、その意味では、皆、誰もが行儀良く、整然とした対応がなされて行ったのでありました。また、午後の3時になると一時的な休憩が入った上で、その際には「おにぎり」が、各自に一個ずつ配られたりしていたのであります。

　一方、彼女が最も印象深く記憶している事柄と言えば、それは何と言っても、皇太后陛下そして皇后陛下の御一行が製糸場の現場へ行啓されたことなのであって、そして、もう一つを上げるとすればそれは、製糸場において指導的な立場にあったところの、フラン人技師の奥様（ブリューナ婦人のこと）が、時々、工場内の庭を散策されている際に、工女たちに対して声を掛けてくれたことがあったと言う程度のことだったのでありました。

④ 国司さんの場合

　山口県山口市出身の国司さんは、明治6年3月末、同じ郷里から集まった女子30人の仲間と共に出立して行き、長旅の末にやっとの思いで富岡製糸場へ入場しました。彼女らの多くは士族の娘であり、その時に彼女ら一同を構成していた人達は、その年齢が、なんと17歳から30際と言う幅広い年代にまで及んでいました。

　一同は、先ず山口市内に集まった後、揃って三田尻港（防府）まで移動して、そこで蒸気船に乗って神戸まで移動して一泊し、その翌日にはアメリカの客船によって横浜へと進み、その上で横浜から汽車にて東京へと向い、ようやく新橋まで到着しました。

　その後、一同は東京にて数日の骨休みを取り、その後は人力車に乗ってさらに移動して行き、その途中で2泊を取った後、ようやく富岡製糸場の地へと到着したのであります。その一方で、当時のこと故に、沿道の人々は一体何事が起きたのかと懸念しながら、その様子を如何にも珍しそうに眺めていたのでありました。

　さて、彼女たちは、富岡製糸場への入場を果した後、主に糸繰り場において機械式糸繰り設備による製糸方法を学んで行き、程なくその製糸機器の取り扱いに習熟して行ったのであります。

　そして、本書にて話題の一人として扱うところのこの国司さんの場合にあっては、当初の報酬は月額1円でしたが、その後の短期間うちに1円50銭にまで昇給したのでありました。

　しかしながら、その一方で、彼女たち全ては3年間の雇用契約に基づいて就業に入ったのでありましたが、その翌年の夏の間に続けて2人もの病死者が出てしまい、それ故に、各人において急に里心

が付き出してしまう状況に至ってしまったのであります。そのため
郷里の側との間で協議が行われ、その結果、入場後の1年半を経た
時期の明治7年9月になって、残された側にいる者たちは、一同が
揃って帰国することになったのでありました。

　なお、2人の病死者に対しては、富岡製糸場に近いお寺で葬儀が
執り行われ、また関係者の間での協議が行われて、結局、富岡の地
において葬られることになったため、残された者たち各人が資金を
出し合って墓碑を建立することにしたのでありました。

⑤　和田さんの場合

　長野県松代町出身の和田（旧姓は横田）さんは、17歳になった
明治6年、自ら望んで、同郷の15人と共に3泊4日の道中を経た
末に、富岡製糸場へ工女として入場しました。彼女は、職場におい
ては模範的な振舞いにてその仕事に取り組んで行ったため、同僚の
工女たちからは親しまれていたのでありました。そのため、彼女は
比較的早い時期に、製糸場における指導者的な立場へと配置される
ようになって行ったのでありました。

　一方、その頃、故郷の松代に近い西条村で、地元の資本によって
設立され、その創業が開始できる状況に至っていた比較的小規模な
製糸場（後の六工社）から、彼女は実務指導者として招かれること
になったのであります。そのため、彼女の富岡製糸場における就業
は、それほど長期には至らなかったのであります。

　しかしながら、信州松代にあっては冬場の厳寒期での操業は困難
であったため、彼女は、その間における生活費確保の必要上、富岡

製糸場において「別雇」なる条件の下で、仲間の3人を連れて富岡製糸場へ再入場して行き、そして実務経験者として優遇された立場を踏まえながら、所定の就労に服して行ったのであります。

なお、その後において、彼女は富岡製糸場時代における仕事及び生活等々の様子について記した「富岡日記」なる回想録を出版するに至ったのであります。そして、その中で、富岡製糸場等において見聞した諸々の事柄について紹介していて、彼女たち製糸場工女の実態と言うものは、その図書によって初めて世の中に広く知られて行くところとなったのであります。彼女が著したこの回想録は、実は富岡製糸場時代のことだけでなく、後の六工社のことにも及んでいて、その内容は闊達なる文章表現により、単なる回想録の領域を超えた充実した内容の体験記となっているのであります。

⑥ 春日さんの場合

春日さんは、前述の和田さんと同じ長野県松代の人で、明治6年に伝習工女として和田さんたちと共に富岡製糸場に入場して実務に就き、そして、その翌年には、彼女の地元の松代町において製糸場（後の六工社）が創業するに及んで、仲間3人と共に呼び戻されて、そこでの実務指導者として活躍したのであります。

しかしながら、この六工社が立地している地域は積雪が多い寒冷地でもあって、冬季の操業が非常に困難なために、前述の和田さん同様に、富岡製糸場において「別雇」条件の下で、冬季のみに限定されたところの就労を行っていたのであります。

なお、彼女は相当な能筆家でもあったようで、彼女が書き送った

書簡と言うのは、両親に書き送ったものの他に、あちこちの同僚に
宛てたものが現存していて、その内容においても製糸場での仕事に
関することの他に多岐なる事柄に及んでいて、その当時、彼女たち
は互いに誘い合ってあちこちへと出歩き、それなりに遊興していた
らしい様子が覗い知れるところなのであります。

6　生糸に関する経済的貢献策

（1）日本産生糸製品の種類

その1　ちりめん（縮緬）

　「ちりめん」とは、織り地の表面に「シボ」と呼ばれる凹凸が生
じるように、縦糸は撚らず、横糸のみに撚りをかけて織った絹織物
のことで、言うならばそれは「クレープ織」に相当しているもので
あります。この生地は通常の絹地の織物と比べると柔らかく厚みが
あるために、豪華さが感じられると言う特徴があります。

　なお、日本における「ちりめん」の産地として代表的される地域
には、京都府丹後、滋賀県長浜、新潟県高田などがあります。しか
しながら、今日、その需要は著しく減少してしまっています。

その2　かすり（絣）

　「かすり」とは、その織糸に、事前に部分的な防染処理を施しておくという手法によって、出来上がった後の生地に適度なかすれた模様が生じるようにする、独特の染色方法のことであります。

　また、この「かすり」織りの糸の染色方法においては、「括り染め」、「板締め染め」、「織締め」と言ったそれぞれの手法がありますが、そのいずれもが力仕事であるために、その作業は女性にあっては不向きとされているのであります。

　なお、日本における「かすり」の主な銘柄と、その生産地として知られて来た地域には、次のようなところがあります。

　　　　　・久留米絣・・・福岡県久留米市
　　　　　・伊予絣・・・・愛媛県伊予市
　　　　　・弓浜絣・・・・島根県弓浜市
　　　　　・備後絣・・・・広島県福山市
　　　　　・備前絣・・・・岡山県備前市
　　　　　・大和絣・・・・奈良県大和高田市
　　　　　・村山絣・・・・東京都武蔵村山市

その3　絹ちじみ（絹縮）

　「絹ちじみ」とは、縦糸に縮緬糸を用い、横糸に強い縒りを掛けた生糸を用いて布織した縮布のことで、この品物は古来より帯揚げや腰ひもの素材として用いられて来たところの、極めて特殊な素材なのであります。従って、その需要というのは特定の人達に限られ

たものでありました。現在にあっては、その生産は新潟県十日町市
において、僅かに行われている程度なのであります。

その4　めいせん（銘仙）

　銘仙とは、別名、緋かすりとも呼ばれる平織りした高級の絹織物
のことで、１９９０年代にアンティークな和装が注目されるように
なったことから、この銘仙を用いた和装と言うものが、時代を越え
て、再び日の目を見るところとなったのであります。

（２）日本産生糸の輸出体制

その1　生糸に関する世界の情勢

　横浜港が開港に至ったのは、今から百数十年も昔に遡るところの
安政６年（１８５９年）のことであります。そして、生糸の輸出は
この横浜港において明治５年（１８７２年）から始められ、その頃
における主たる輸出先とは、フランスを始めとしたヨーロッパ各国
そしてアメリカだったのでありました。
　元来、フランスは生糸の輸出国であった次第ですが、その当時は
微粒子病という蚕特有の病気が流行していたため、生糸の生産量が
極端に落ち込んでしまっていて、残念ながら、その期待には応える
ことが出来ない状況に追い込まれていたのであります。また、その

一方で、それまで生糸の輸出国であった中国にしても、その時代にはアヘン戦争によって国内が混乱していて、生糸の輸出国としての役割を果すことができない状況に陥っていたのであります。

その2　当時の日本の輸出環境

　さて、富岡製糸場の操業によって産出された生糸は、それが当時の日本における唯一無二の貿易品であったため、明治政府の当時の方針によって、日本側では、その全てを海外へ輸出することとしていたのでありました。一方、その当時における輸出先とは、主としてアメリカとフランスの両国なのであって、そして、それら物資を輸出するために使用された貿易港が横浜だったのであります。

　そのために、この横浜港の整備は国策によって優先的に扱われて行き、それ以降、対外貿易のための拠点として確立されたのであります。したがって、この横浜港が取り扱ったところの生糸の輸出額は、その時代における輸出品全体の中で常に第1位を占める状況にあって、しかもそのような状況が、その後の８０年余りという誠に長期に亘る年月において続いて行ったのであります。

その3　生糸貿易のための物流環境の構築

　国営の富岡製糸場にあっては、日本としての国体の安定すら覚束ないような未明の時代に、既にその操業が開始されていた次第なのでありますから、そこには、付帯するところの重要な政策的な課題と言うものが伴っていたのでありました。

その一つが、富岡製糸場において生産された、その貴重なる輸出貿易品を円滑に横浜港へ運び込んで行くために必須とされた、いわゆる「物流環境」としての、生糸貿易のための物流ルートの確立を急ぐことだったのであります。そもそも、江戸時代における関東での物流を支えたのは、利根川水系を活用したところの水運だったのでありますが、それは目的地を横浜とする限り、いささか不都合な面があった次第なのであります。なぜならば、東京と横浜との間は３０ｋｍも離れていて、その地理的な方向性にあっても、上州の側から観る限り、かなり異なっているからなのであります。

　そして、そのような観点から、新たに確立されるに至った道筋が高崎から横浜へと、ほぼ直行できる道筋だったのであります。その道筋とは、実は、今日で言うところの八高線と横浜線が通じているルートにほぼ等しく、その時代にあって、それは既に絹製品を運ぶことを目的として確立されつつあった、いわゆる「絹の道」の王道なのであって、現実に、それは正に「知る人ぞ知る」ところの土地柄における、由緒正しき道筋だったのであります。

　実際のところ、まず、富岡製糸場が立地した地域から２０ｋｍ程東北方向へ移動すれば、そこに中山道が通じ、その街道筋には江戸文化の風情が漂う街と評された高崎があって、物流拠点の街として大いに栄えていたのでありました。そして、そこは実は主要な交通ルート上の結合点でもあったので、この高崎からは、東西南北どの方向に対しても整然とした街道が通じているのであります。

　したがって、横浜港が開港に至り、そのために物資の流通が盛んになった当時にあって、その「絹の道」の役割を課せられることに

なったのが、江戸時代に、既に対外貿易に関わる物流ルートとして知られ、中山道のバイパス的な役割を果していたこの古道が、時代を越え、新たな価値を佩びて再登場したと言う訳であります。

（3）生糸の海外取引とその成果

　富岡製糸場の建設は、生糸の輸出を大前提として、基本的に海外貿易を大きく発展させることによって外貨を獲得し、それによって国際収支のバランスを図って行くと言う、そのような政策的な意義の面において、その使命があったと思われるのであります。

　そのため当時の明治政府は、繭から紡いだ生糸をそのまま布織用の絹素材として、あるいは、その生糸を使用して紡いだ製品である絹織物として、それら商品の全てを欧米に向けて輸出して行くことによって外貨を稼ぎ、それによって国力を増大して行くと言う趣旨の政策を日本の総力をもって構築し、国民に対しその活性化を鼓舞して行くこととし、また一方では、それに付帯した行政上での創意と工夫と言うことを惜しまなかったのであります。

　したがって、その当時の明治政府は、その時代に掲げた殖産興業の旗印の下で養蚕業を奨励し、絹製品の素材となる「繭」の増産を鼓舞して行ったのであります。そして、その政策の核心となる部分が富岡製糸場の建設だったのであり、その操業が速やかに開始されたことによって、当時の経済界が切に待望していたところの日本産生糸の海外への輸出がようやく軌道に乗ったのであります。

さて、現実に富岡製糸場の操業が開始されたことによって、その
ために明治政府が決死の覚悟をもって臨んだ「生糸」の生産とその
輸出政策と言うものは、その当時における、特に欧米を中心にした
ところのファッション産業隆盛の波に乗って、この日本産の生糸は
その時代における女性向け被服の素材として著しい人気を博する
こととなって行き、日本政府が意識した当初の目論み通り、極めて
大きな経済的な成果を上げることが出来たのであります。そして、
そのことによって得られた多大な外貨が、その後における日本側の
国策によって実行され得る、種々の大型事業のための資金となって
行ったのであります。

　そのために当時の明治政府は、多くの国民が渇望して来たところ
の国力増大のための諸施策に積極的に関与して行き、そして、それ
によって、当時の日本の経済力と言うものが一挙に勃興し、世界の
大国に伍して行ったと言うことなのであります。

　従って、その時代にあって、この富岡製糸場が輸出貿易において
果した業績（すなわち成果）と言うのは誠に素晴らしいものだった
のであり、その存在は光り輝いていたのであります。

（4）現在の日本の生糸産出状況

　明治の時代に確立された日本の絹産業は、後の第二次世界大戦前
までの時代にあっては、生糸は、日本の輸出品の中で常に第1位を
占めるほどに、長期に亘って世界中から高い評価を得て来たところ

なのであります。しかしながら残念なことに、その様相と言うのは第二次世界大戦において一変する状況となり、敗戦国となった戦後における日本の生糸産業は壊滅状態となってしまい、その輸出量はほぼ「ゼロ」の状況にまで落ち込んでしまったのであります。

　そして、その反面にあって、日本が失ったその絹製品マーケットを埋めるべく、その後の時代に、世界の生糸市場へと台頭して来たのが中国やインドだったのでありました。

　一方、後の時代に移ると、海外においても、生糸に代り得る新たな人工的な被服用素材が出現するようになって、安価なそれら新素材が瞬く間に世界の市場を席捲して行き、今までの世界の生糸市場を根絶するかとも思えるような勢いで、それら商品の普及が一気に進んで行ったのであります。そのため、その後にあっては、生糸に対する需要が、以前のように復活すると言うような気配が全く認められないまま、今日に観られるような「脱シルク」とも標榜されるような世界的状況に至ってしまったのであります。

　従って、日本における需要自体が僅かな趣味的な用途に限られてしまっている以上、生糸における需用と供給の関係はすでに崩壊してしまったとも言えるのであって、その結果として、今日における日本の養蚕業と言うのは、この僅かな国内的な需要のみに依存したところの、いわゆる趣味的な産業の一つとしか言いようがない状況にあって、その需要の面が欠損してしまった以上、これまでのような人々の期待を集める魅力的な産業に戻ると言う見通しは、すでに期待薄となってしまったのであります。

（5）蚕糸業に関する振興政策のあり方

　近年、日本における養蚕農家の数は減少の一途を辿っている状況にあるものの、その一方で、絹織物に対する国民の需要自体は堅調に推移していると言う状況に置かれているのであります。そのため現在の日本にあっては、平成１７年に絹糸・絹織物の輸入が自由化されて以降、特に絹織物の輸入に関する限り、その割合は漸増していると言う状況に置かれているのであります。

　そして、この問題に対処すべく行われた行政的な措置が「繭代補填措置」及び「生糸の国境措置」なのであります。その骨子は具体的には次のような内容のものであります。

①　　繭代は、取引指導価格と基準価格との差額（ｋｇ当たり約
　　　１４０円）を輸入生糸調整金として国費を補填する。
②　　一方、生糸の輸入に対しては輸入生糸調整金を徴収する。
③　　生糸生産者の経営安定化に配慮して、輸入枠を制限する。

（6）着衣に関する意識の相違

その１　何のために衣服を着るのか

　人々が衣服を身にまとうのは、そもそも暑さや寒さを防ぎ、その

一方において、害獣等々からの危害を防ぐための防護的手段として
も、そのような措置が必須であったからなのであります。

　しかしながら今日にあっては、本来の「身を守る」と言う側面は
明らかに減退していて、現代にあっては、誰であろうと皆が衣服の
デザイン性を基本的な仕来たり（慣習）の中で許容し、そのような
一定の枠組みに沿って、先ず「身だしなみ」を整えると言うことの
許容範囲において、人々はその付帯的な価値の「個性の発揮」なる
側面を強調しようとしているのだと思うのであります。

　そのために、一定のモラルは当然の如く守りつつも、その範囲に
あって互いに個性を追い求め、そして、その欲望を満たそうとした
いがために、各人各位においてその願望に沿いつつ、人々は被服に
対して互いに多大なる経費を積み上げているのであります。

その2　流行と美的意識の問題

　さて、着衣に対する意識の面において、特に日本人女性の場合に
あっては、その時代に順応しつつ「可愛い」と言った面での印象付
けに拘ったファッション性を追及する傾向が強いと言われている
のであります。その一方、アメリカ人女性の場合にあっては、むし
ろ「クール」や「かっこいい」の方向を強く意識する人の方が多い
とされているのであります。

　実際のところ、誰が何を着ようと何ら差支えはないのであります
が、しかしながら、このようにファッション性の面を強く追及する
と言うことは、その着衣を末永く愛用することと相反する美意識と
なり兼ねない次第なのでありますから、それによって、個人個人に

よる消費行動には自ずから大きな差異が生じ、引いては、そのことが輸出入に関する収支バランスの状況にまで影響を及ぼして行くことに成り兼ねないのであります。

　そして、現在における多くの人々の志向はファッション性などではなく、むしろ、各自それぞれによる「個性」を尊重する気風の方が強くなっている傾向のように見受けられる次第なのであります。そして、それは大変好ましい事だと思う次第なのであります。

その3　ファッションの個性化

　過去（近代）においては、人々（特に若い人々）は、その時々における流行、つまり、その時代に流行した特定のファッション性を追い求める傾向が強かったように思われるのであります。

　しかしながら、現代にあっては、人々は、着衣に対する意識の中に、むしろ、個性（独自の文化的な意識）を発揮したいとの欲求を強く抱く人の方が多いように思われるのであります。そして、その理由の根本にある意識と言うのは、その誰しもが、それぞれ、そこには、自分なりの独自性を感じさせ得るような個性を発揮したいと願っているからなのだと考えられるのであります。

　そして、更に言えば、何事に依らず、現代にあっては当然のように多様化が叫ばれる次第でありますから、着衣に係るファッションの問題であっても、世界中の人々が同様な意識によってそれぞれに個性を発揮しようとすることは、極めて真っ当なる姿勢（欲望）なのであって、要するに、それは文化的な傾向の行動を志向したいと考えた際の、個性の表現方法だと思う次第なのであります。

その4　リユース、リサイクル

　近年、衣服の管理面において注目されているのは、着古した後におけるその「取扱い」の方法であります。全体的にみて最近の衣服類は丈夫で型崩れが生じないため、通常は、親類や縁者の間で再利用（リユース）される場合が多いと思われるのであります。しかしながら、それであっても、それ程の長期に亘って使われるケースと言うのは少ないのが実態のように想像するところであります。

　そして、そのような場合にこそ、それをリサイクル品として他の人々に提供し、有効的に活用して行くことは誠に意義あるやり方だと思うところであります。近年においては、そのようなことを支援するための公的なシステムがあちこちにて機能しているようなので、特に、成長が早い子供を対象とした衣服のリサイクルについては、広く活用されて行くことが望まれるところであります。

　ところで、実のところ、衣服に係るこのようなリサイクルの問題と言うのは、近年において突如として生じて来たと言う訳ではないのであります。筆者自身が実体験して来ている通り、戦前（第二次世界大戦以前）や戦後の混乱の時代においては、少なくとも親戚や縁者の間にあって、子供服のリサイクルと言うのは、言わば当然のこととして行われていたのでありますから、それは、今日においても、ある範囲の衣服等のリサイクルは、例えば学用品のランドセルを使い回しすることと、それ程に違いはないことだろうと思われるのでありますが、さて、如何なものなのでありましょうか。

7 富岡製糸場のその後の役割

（1）当時の富岡製糸場の操業状況

　官営富岡製糸場にあっては、その操業開始時期に前後し、世界の経済状況が一段と活性化して行ったために、欧米における女性たちを中心として、特に被服素材としての生糸の需要という面が極めて堅調に推移して行き、また、そのような時代的な流れと言うものにうまく整合させて行くことが出来たことによって、その操業による成果と言うものは、昭和１５年（１９４０年）の頃までにあっては極めて順調に推移して行ったのでありました。

　しかしながら、その後にあっては、太平洋戦争の勃発による世界経済の停滞、そして、その頃になって急激に出回り始めたところの被服素材としての化学繊維の出現によって、結果的に、シルク素材による商品の需要を日増しに押しのけて行くと言う状況が生じて行くことになってしまったのであります。この市場の変化の状況は正に生糸の需要を大きく抑制するものであっただけに、その結果として、富岡製糸場の操業状況に対しては大きな「障壁」がもたらされてしまうこととなって行ったのであります。

　この情勢の変化と言うものは、その当時の行政にも大きな影響をもたらすこととなって、その結果、明治２６年（１８９３年）に至り、日本の政府は、この官営富岡製糸場を財閥の三井に対して払い下げると言う政策決定を行ったのであります。一方、三井側は後に

これを原合名会社へと売り渡し、また、同社の側はさらに片倉製糸紡績（現、片倉工業）へと売り渡して行ったのであります。

　しかし、このような困難な状況に置かれた中にあって、この富岡製糸場の操業は手堅く維持されて行き、その稼働が順調に続けられて行った時期の昭和１５年（１９４０年）において、年間の合計にて１８万９千Ｋｇと言う、それまでの操業期間において最高となる生産量を記録するに至ったのでありました。

（２）民営化後の富岡製糸場の状況

　さて、富岡製糸場は、第二次世界大戦（いわゆる太平洋戦争）の最中にあっても大きな被害を受けることが無かったため、その操業は平穏の内に続けられて行きました。一方、昭和２７年（１９５２年）にあっては、工場の主要な設備であるところの多数の糸繰り機の電動化が、逐次、進められて行ったのであります。また、それに伴い、工場全体にまで及ぶ諸所の設備の電動化までもが行われたために、構内には新たな変電所が設けられたのでありました。

　そして、それら努力の成果により、昭和４９年（１９７４年）においては年計が３７万３千Ｋｇという、その操業以来において最高となる生産量を達成するに至ったのであります。

　しかしながらその一方では、時代がより一層進むにつれて、近代化の観点から、労働者に対する労働環境への配慮を重んじると言う方向での政策的配慮と言うものが重要視される時代へと突入した

ため、それ以降にあっては、労働者の保護に対して力点を置く法的側面での整備が進められて行ったのであります。

そのため、富岡製糸場のその当時の事業主であった片倉工業㈱にあっては、工女（この時代には工場労働者と呼称した）たちの就業に対して二交代制を導入したり、あるいはその当時の青年学校令に基づき、未就学の工女らに向けて、高卒の資格を得ることができるような女子青年学校を開校する等と、その時代が求める労務政策的な側面での要件に対して、その積極的なる姿勢を惜しむと言うようなことはしなかったのであります。

一方、世界におけるその当時の技術革新の波は、思いのほか速くそして高く、日本へと押し寄せて来たのであります。

それは、当時、海外における化学繊維の著しい普及が為せる出来事なのであって、その当時に流行し始めたところのナイロン素材と言うものは、生糸に似せた多様な製品となって世界中に出回って行ったために、絹糸を素材とした日本の各種の製品は次々にナイロン素材による製品に置き換えられてしまったのであります。

そのために、由緒あるこの富岡製糸場においては生糸の生産量が急激に落ち込んでしまい、それ以降にあっては操業を継続して行くことさえが著しく困難になってしまったのでありました。

（3）富岡製糸場の操業停止とその後

海外で絹糸に置き換わり得るような新素材が出回り出したことに

よって、それ以降、瞬く間に生糸の輸出量が激減して行った富岡製糸場にあっては、その結果、当時の事業主であった片倉工業㈱は、後の昭和６２年（１９８７年）１月１３日に至り、遂に富岡製糸場の操業停止を発表する次第となったのであります。そして同年３月５日に閉業式が執り行われて、その８０年余にも及ぶ、その操業の歴史に対して、遂に幕が下りてしまったのであります。

この富岡製糸場にあっては、その最盛期に千人にも上る従業員を擁していたのでありましたが、その終末期にあっては既に１００人程に減じていたのであって、その結末を見守るだけに過ぎなかった製糸場周囲の商店主たちにあっては、一つの時代がついに終わりを迎えるに至ったその様子をただ黙って見守りつつ、その寂しき気配が身近に忍び寄って来るのを禁じ得なかったのであります。

一方、この富岡製糸場にあっては、その操業を正式に停止した後の平成１７年（２００５年）７月１４日に国指定史跡としての取扱いを受け、また、その翌年の平成１８年７月５日に国の重要文化財としての指定を受けるに至ったのであります。

そのため、製糸場としての各施設は、本来の施設としての状況を維持すべく、建物はもとより、製糸場としての固有の機械設備等の維持管理には特段の配慮がなされるようになり、その多くの機器類については、現在に至っても、なお、実際に稼働が可能な状態にて保持されているのであります。

そして今日にあっては、このように幾多の変遷を経て来たところの富岡製糸場は、時代の面影を残す貴重なる産業遺産として人々の関心を呼ぶところとなり、そのために、現在、これらの施設あって

は一般公開がなされ、子供たちを始めとして、日々、多くの見学者を呼び込んでいると言うのが現状なのであります。

（4）文化財としての富岡製糸場の現状

その1　施設管理のあり方

　富岡製糸場は、その操業を停止した後にあっても、その当時に所有していた片倉工業㈱による「売らない、貸さない、壊さない」の基本方針の下に、その施設の維持と管理に対して特別の配慮がなされて来たのでありました。しかしながらその規模ゆえ、固定資産税の負担を初めとして、それら多くの施設を維持管理して行くための管理等の費用にしても、そこには、想像を超えるような金額に及ぶ種々の経費負担と言う現実が覆い被さっていたのであります。そのために現状において、この富岡製糸場の施設の見学は有料とされていて、各施設に対する維持管理等々は、そのわずかな収益によって行われていると言うのが実状なのであります。

　なお、現状において、富岡製糸場の各施設については、その中心となっている主要施設については国宝として、また、付帯的な施設については重要文化財として取り扱われています。

その2　繰糸所施設（国宝）

繰糸所（または繰糸工場）は、富岡製糸場での中心的な役割を有するところの東西に横たわった長い建築物なのであって、その梁間が１２．３ｍ、建物の長さが１４０，４ｍもあります。また、この場所で行う操糸作業にあっては、その場所が明るくなければならないのでこの建物には採光用の大きな窓が設けられています。

　そして、その広大な場所にはフランスで開発された最新式の繰糸装置が３００釜分も設置されているのであります。そのため、その規模そして景観と言うのは、その場にいる人を圧するほどの異彩を放っている極めて特異なる作業場なのであります。

　そもそも、この操糸所にあっては、工女らは、その各繰糸装置に付設された湯釜の中の数個の繭から生糸を引いて行くと、その後は繰糸装置によって連続的に糸繰りが続いて行くのであります。

　そのために工女たちは、複数の繰糸装置を受け持ち、適宜、繭の追加をしながら、その糸繰りが正常に行われていることを確認して行くと言うような形態のものなであります。

その３　東置繭所と西置繭所（国宝）

　この置繭所は、敷地の東と西の両側に立つＬ字型の同規模の建物２棟が「コ」の形に配置されたレンガ造りの建物であります。そしてその梁間が１２，３ｍで建物の長さが１４０，４ｍもあるところのレンガ造り２階建ての施設であり、屋根は切妻造りで瓦葺きとされています。また、各梁の間に出入り口が設けられ、各場所別にそれぞれ個別に出入りが出来るような造りになっています。そしてこの置繭所においては、東西双方の合計にて３２トンにも及ぶ繭を

収荷することができたのであります。

その4　蒸気釜所（重要文化財）

　これは、東西双方に立つ両繰糸所のそれぞれの北側に配置された蒸気を供給するための施設なのであって、初期のものはすでに存在せず、また、後に更新されたところの施設（ブリューナエンジンとも呼称された）も、その頃にはすでに操糸場側の電化が進んでいたため、結局、これらの施設は長期に亘っては使われず、その当時に高い煙突がそびえ立っていた形跡というのは、現在においては釜場とみられる痕跡と、その当時に立っていたとされる煙突用の基礎の大きさと言うものが教えてくれるのみとなっています。

（5）その他の付帯的な建物

その1　首長館（重要文化財）

　この建物はブリューナ館とも言われ、初期の時代に所長を務めたブリューナ夫妻が居住した施設であります。その構造は木骨レンガ造りの平屋でありますが、その広さは、何と２８０坪にも及ぶほどの盛大なる住居だったのであります。そのため、後の時代にあっては工女のための教育施設としても使われていました。

その2 女工館（重要文化財）

　この建物は、実は富岡製糸場で働く日本の婦女子に対する教育指導等の対応を意図してブリューナ自身がフランスから連れて来た、4人の女性指導者たちのための住居として用意された施設なのでありました。

　しかしながら、結局のところ、彼女たちの日本での滞在は長続きをしなかったのであります。そのために、後の時代に改修行われることになってしまい、それ以降は、彼ら幹部職員たちの食堂として使われていたのでありました。

その3 検査人館（重要文化財）

　この建物は東置繭所東側の女工館の北にあって、木骨レンガ造による2階建て寄棟造りの構造で、屋根は桟瓦葺きなのであります。そして建物の大きさは東西が１０．９ｍ、南北が１８，８ｍもあって、別な建物の首長館と同様に、いわゆるコロニアル様式と呼ばれるところの、風情あふれる洋風の建築物なのであります。

　建物の本来の使用目的は、フランス人の技術指導者2人の宿舎として建築されたのでありましたが、使用が予定されていた当人らが許可なくして横浜に出掛けたりしたため、その2人は怠業したとの理由によって、後に解雇されてしまったのであります。

　そのために、その後には富岡製糸場の医師として来日した外国人がその代わりとして使用に及んだようでありました。しかしながらその医師もまた同様に、その後しばらくしてから退去するに至って

しまったため、その後にあっては、単なる事務室や集会の場として使用されていた様子なのであります。

8　国内での民間製糸場の普及

（1）各地で民間製糸場が操業を開始

その1　六工社の場合

　六工社は、信州の埴科郡西条村（現在の長野市松代町）において明治6年（1874年）に開業した民間の製糸工場で、同社は、後の明治15年（1883年）になって、松代殿町に、別途、工場を新設したのでありました。ところが、その後に世界恐慌とも言われた極端な景気の落ち込みに見舞われて、大幅な経営不振に陥ってしまったことから、古い工場を整理する等して、なんとか耐え忍んで行き、後の昭和16年（1941年）に行なった同業者との企業合併によって、その社名が日本製糸株式会社へと変わって行ったのであります。しかしながら、後の第二次世界大戦の勃発によって極端なまでにその需要が落ち込んでしまったことから、終戦と共にその

企業活動は終了されることになったのであります。

　なお、この六工社にあっては、その時代に既に官営富岡製糸場との間で業務上の繋がりがあったために、そのような縁を活用して行き、富岡製糸場において実務を学んで、その当時には既にベテラン工女となっていた和田英を、実務上の指導者として迎い入れていたのでありました。

その2　須坂製糸所の場合

　信州の須坂地方（現在の長野県須坂市）において、幾つかの小規模なる製糸工場をまとめて行き、それによって始まった結社が明治8年（1876年）に発足したところの製糸結社「東行社」であります。同社は、その後おいても次々に同業者を取り込んで行ったために、その傘下には多数の小規模な製糸工場が集められて行ったのであります。そのため、明治22年（1889年）の時点にあっては、須坂の街は、加盟する工場の合計が102か所で工女の人数が合計で約3500人にも上ると言うような具合に、一大製糸業の街と化して行ったのであります。

　また、その一方では、企業の大規模化に際しては、それと同時にリスクが伴う次第なのですが、この時代の経営者たちと言うのは誠に逞しい限りであって、自ら信じるところの絹製品の普及に向け、そのような難題を巧みに交わしつつ所期の成果を上げて行ったのであります。しかしながら、職業上、水を扱う立場の工女にとっては、この地の冬場における寒さには参ったようでありました。

その3　新町紡績所の場合

　この新町紡績所は、富岡製糸場と同様に、当時の明治政府が推進した明治10年（1877年）の殖産興業政策によって建設された一連の官営施設の一つであります。そもそも紡績所とは、くず繭やくず糸を対象として製糸をやり直すための施設であって、そのために、この紡績所においては製糸場の側から摘出されてしまったくず繭を集め、改めてこの施設へと集荷した上で再製糸を行い、その上で、改めて適正な絹糸製品として出荷することを狙いとして、その運営が成り立っているのであります。

　さて、この紡績所の建設でありますが、その計画には山添喜三郎が関与していたのでありました。彼はこの事業において設計と施工に関わっていて、そこには、過日のイギリス訪問の際に得たところの知識が生かされているのでありました。そして、紡績所はその後の明治10年（1877年）にその操業が開始され、その際の開所式においは、大隈重信他の当時の政治家や要人らが数多く参列していたのであります。

　一方、この新町紡績所はその後に官営から民営へと移管され、財閥の三井などを経た後の明治44年（1911年）には鐘淵紡績へ譲渡されたのでありました。その結果、その後に操業されて行ったところの紡績生糸の評判は誠に良く、そのために工場の拡張までが行われる等々と、その状況と言うのは太平洋戦争（第二次世界大戦）の開始によって、世界中の景気が落ち込んでしまうような頃に至るまで続けられて行ったのであります。

その4　碓氷製糸社の場合

　碓氷製糸社は、群馬県碓氷郡原市町（現在の安中市）の碓氷川左岸の台地上に建設されて、大規模な製糸工場を有し、そして養蚕業を営む農民たちによって運営されたところの組合式の組織なのであります。もともとこの地は丘陵台地で桑木の栽培には適し、そのために昔から養蚕業が盛んに行われていて、それ故、工場はここを適地として建設されるに至ったのであります。

　さて、製糸工場の建設にあたっては、地元の有力者を代表として明治11年（1878年）に碓氷座繰製糸社が結成されて、これに地元の人々が参加して自家の「繭」を供出しあい、それを組合員の子女らに操糸させると言う方式によって始まったのであります。

　そして、それに関わる実務に対しては、それに熟達した指導員が付いて指導に当ったため、初期に生じた問題は改善され、品質管理上の問題等についても、やがて、馴れることによって逐次解消されるようになって行ったのであります。そのためにその操業は長期に亘り、安定して続けられて行ったのであります。

　なお、この碓氷社（後に碓氷製糸社に改称）は、その後に組合員数が3万人を超える状況となったために、事業は経営的に安定し、平穏の下に推移して行ったのであります。しかしながら、操業年数を経るに従って機器の故障が続発し、その一方で組合員たちの高齢化によって桑畑の転用が進むなどと、その後の見通しが混沌として来たことから、昭和の時代が終わると共に、この製糸事業に対しては終止符が打たれることになったのであります。

その5　愛知紡績所の場合

　愛知紡績所は、愛知県額田郡（現在の岡崎市）にて、官営による模範工場として建設されたところ優良施設なのでありました。

　さて、明治１１年（１８７８年）に、その当時の政府はイギリス人によって開発されたミュール型の紡績機２基を輸入して工場に導入し、その操業体制を整えて行ったのであります。

　このミュール型紡績機と言うのは、台座の中央に走錘車（キャリッジ）があり、そこにスピンドル（糸の巻取部）が設置されているので、走錘車が左右に動くたびに、生糸が紡績機のスピンドルに巻き上げられて行くという仕組みになっているのであります。そのために、この装置で紡がれた糸には撚りがかかっていたため、ほつれにくく、また、その糸には強度が加わっているので、この糸に対しては、単に織物用の素材としてのみでなく、いろいろな面での利用の仕方が考えられたのでありました。

　しかしながら、後に社会情勢が大きく変化したことにより、この愛知紡績所にあってはそれ以上の展開に至らず、その後は単に職工たちを養成するための場所としての存在程度に止まってしまったのであります。そして既にその当時を忍せるような建物は無く、石積みの水車場とその導水路とを残すのみとなっています。

その6　高山社の場合

　この高山社は、高山長五郎によって明治２０年（１８８７年）に群馬県藤岡市に創設されたものであります。彼は、家業の養蚕業を

軌道に乗せたことによって一定の財力を成した後、養蚕を学びたいと願う人々のために、その技法を伝授すべく全国の各地を廻っていました。そして、その間に彼が獲得して行った、彼の独自の技法と言うものをより一層広めて行くために必要とした教育の場として、この高山社なる組織を興したのでありました。

　そもそも、彼の言う独自技法と言うのは、実は「清温育」のことなのですが、それは蚕室（当時、多くの人々は家屋の二階を蚕室に充てていた）の通気が良くなるような建屋構造とすることを第一として、室温を保つための方策として「火気」を適切に使い分けると言うことを指導して行ったのであります。そして、その効果の程と言うものは、実際のところ、誰であっても得心が行くものであったのであり、それによって、彼が指導して行った養蚕技法と言うものは、時を経ずして各地に広まって行ったのでありました。

その7　その他の養蚕関連施設

①　松岡共同製糸株式会社

　この会社は、山形県鶴岡市にて明治20年（1887年）に創業され、絹織物等の製造や婦人服の製作が行われていました。しかしながら、後の昭和の時代に至った後に、業績低迷等の影響を受けてその業態が転換されてしまい、それ以降にあっては電子機器の製造などを主体とした事業体制へと進んでしまいました。

②　競進社模範蚕室

　この施設は埼玉県北部の児玉地域にあって、近代養蚕業の発展に

尽力した木村久蔵によって明治２７年（１８９４年）に創設された
ものであります。彼は、前述の高山社を創設した高山長五郎の弟で
あって、彼ら兄弟たちは、供に揃って養蚕業の近代化とその発展の
ために尽力したのであります。

③ 藤村製糸株式会社

この会社は、高知県安芸郡奈半利町にて大正６年（１９１７年）
に創業され、主に婦人用服地としての絹織物等の製造を行っていま
した。そして後の昭和３２年（１９５７年）に、より一層高品質な
生糸を製造することを目指して、製糸機器のオートメーション化と
工場の拡張を進めて行き、その設備刷新の効果によって、その後に
生産された製品は、皇室における式典等の行事にも用いられるよう
になって行ったのであります。

しかしながら、後の時代においては被服素材の刷新が急激に進ん
で行き、一方では養蚕業自体が衰退して行ったために、その操業は
平成１７年に停止に至ったのであります。

④ 須藤製糸株式会社

この会社は、茨城県古河市にて昭和１７年（１９４２年）に創業
され、地元の古河市や埼玉県幸手市に製糸工場を所有して、そこで
生産された絹糸を各地へと出荷して行ったのでありました。

しかしながら、その後に世間に出回っていった人造繊維（人絹と
呼ばれた）の影響によって、その市場が急速に奪われて行くという
事態となって、後にその業態が大きく転換されて行くことになって
しまったのであります。

⑤ 雨宮製糸社

　この会社は、山梨県甲府市にて製糸業を営む企業の一つだったの
でありました。しかし、明治１９年（１８８６年）に労働者組合と
の間で生じた労働規約等をめぐる労働争議によって、女子労働者側
が労働条件の見直しを争点としてストライキに入ったため、問題が
より一層紛糾することになりました。結局、経営者の側は譲歩した
のですが、それはストライキが広まる原点ともなりました。

（２）富岡離職工女と地場産業の関係

その１　地場産業としての養蚕業の繁栄

　生糸の生産、すなわち養蚕業は、日本にあっては昔から畑作農業
を営むその一環として行われて来ました。その理由の多くは、この
畑作における労働力の集約性が低いと言う地域的な欠点を養蚕業
が補填してくれるからでもあり、また別な一面では、水稲に不向き
な丘陵地が多い畑作地域にあっては、それを桑畑として利用するこ
とができるからでもあります。しかしながら、より一層重要なこと
は、実は、養蚕業が女性向きの職業であると言う事実なのでありま
す。それは、養蚕と言う仕事にあっては、肝心な「蚕（かいこ）」の
生育状況を日々しっかりと観察して行き、その状況に応じて桑葉の
与え方（桑葉の質及び量、そのタイミング）を適切に調整して行か
なければならないと言う、甚だ面倒な養蚕作業上の実務が伴うから

なのであります。

　今日、日本の養蚕業はいわゆる「海なし県」であるところの群馬県・栃木県・埼玉県・長野県そして岐阜県という畑作地帯において盛んに行われて来ている状況なのでありますが、それは、養蚕業に特有の労務のあり方が、実は女性に適すると言う事情に依っている面が強いからだと思われるのであります。

その2　離職工女の糸繰り企業への関与

　上述したように、養蚕業によって得られる「繭」は、それを生糸に変えて行くためには、いわゆる「糸繰り」と呼ばれる繭の糸取り作業（製糸作業）が必要になるのであります。それは素朴な自家用の木製糸繰り機によっても行えますが、一般的には、一定の糸繰り機器を備えたところの製糸場に付託することによって、その取扱いを代行させるのであります。しかし、そのような場合であっても、糸繰り機器自体を安定して稼働させる都合により、それなりの繭の分量（バッチ）を確保した上でその糸繰り作業を行うことになるので、限定された小量のみが持ち込まれたような場合には、それによって出来上がった生糸は、実際のところ、それが誰によって持ち込まれた繭によって仕上がったものなのかに関して、特定することは難しいところなのであります。しかしながら、この時代にあっては、養蚕はすでに日本各地において行われていましたから、たとえそのような小規模な製糸場であったとしても、一定の量の需要は見込めた次第なので、組合組織の下にあって、現実には糸繰り機の操業は全国各地において行われていたのであります。

一方、本書にて述べて来た通り、日本で唯一の官営富岡製糸場が操業を開始した中にあって、そこで学んだ製糸技術というものは、工女たちが各地における小規模な製糸場で働くに際し、たとえ取り扱う設備の形状等々が多少異なっていたとしても、その理屈自体は全く同様なのでありますから、一度その設備に馴染んでしまえば、どこの設備であろうともすぐに対応が利くと言うものなのであります。したがって、この時代にあっては富岡製糸場において育った工女を抱え、そして、一人一人の小口の需要を見込んで成り立っていた繭の糸繰り事業者と言うのは、実は、当時にあっては日本各地において存在していたのであります。

その3　離職工女による繭の品質への関与

　富岡製糸場において、糸繰り作業その他の実務を実際に体験して来た人達にあっては、その仕事を通じ、繭の品質の良否を見分けるための観察力がそれなりに備わっていたものと思われるのであります。従って、その観察力を活かすことを前提として、繭の取扱いやその貯蔵等々に関して、彼女らが感じた事柄をもって仕事の上で反映させて行くと言うことは、その取引やその後における貯蔵管理等の面において極めて有益な事柄なのであります。

　そのような意味合いにおいて、富岡製糸場の離職者が、その後にこのような民営の小規模な製糸場（つまり糸繰り事業者）において指導者として招かれると言うような事例はそれなりにあって、その意味において、彼女らは、実際に自ら地場産業の繁栄に対して主体的に取組んで行った人達なのだと言えるのであります。

そして、そのことは取りも直さず、糸繰り事業者においては製品の質の向上が見込め、また、その一方で、工女たちにとっては自身の技術を生かしながら、その地元（つまり親元）において有意義な仕事を持つことが出来ると言うことなのであります。

その４　繭の糸繰り事業との関係

　この時代における養蚕地域にあっては、繭の糸繰り作業を請負うことを本業とする小規模な繰糸事業者というのは、実は各地において存在しました。そして日本の各地において観られるように、本業は農業経営であるものの、その片手間において養蚕に関わっていると言う程度の極めて小規模なる繭の生産者にあっては、極めて都合が良いものなのでありました。それは、繭から紡いだ生糸を自分の都合によって自由に取り扱うと言うことが出来るからなのであります。そのために、養蚕を副業として行っているに過ぎないような兼業農家の場合にあっては、そのような副業の下で、製糸事業者によって出来上がった生糸を用い、そして屋内式の機織（はたおり）機にて自らが絹地を織ることによって、その織り柄を自分の好きなように創作することが出来るようになるのであります。

　そして、さらに付け加えるとすれば、そのような取扱いによって出来上がったその製品は、その生産者の作品として、どのようにでも好きなように利用して行くことができるのであります。

　従って、今日では、生糸を使用して出来上がったところの各種の創作品と言うものは、実用品としての範囲を超えて一種の工芸品として扱われていて、それはその創意工夫次第によって、正に最高の

価値を生むところの商品となり得るのであります。

その5　離職後の工女のその後の役割

　そもそも富岡製糸場においては、就業する工女に対して就業年数や年齢をもって制限すると言う方式は採っていなかったのであります。従って、現実的には親元の都合に従うか、あるいは、そこで働く工女ら同士において話し合うか、または自ら判断するところによって離職を決して行ったのであります。そのために、ここで富岡離職工女の一つの事例として取り上げるのは、後に、自身の体験を基にして「富岡日記」なる著作を出版されたところの、信州松代の出身である和田　英さんに関する実体験についてであります。

　彼女は、富岡製糸場において1年半ほど勤務した後、故郷である信州松代へ帰って行き、その後、信州埴科郡西条村において新たに創設された「六工社製糸場」へ出向いて行ったのであります。そこは民営の施設でもあるため、およそ富岡製糸場とは比較にならないものでありますが、彼女は民営とはそう言うものだと、先ずもって自身でそれを納得した上で行動に移したのでありました。

　その後、彼女は、この施設で熱心に糸繰り作業を試みたのでありますが、その繭は小粒で重みがなく、糸には「べたつき」があって細く、それは誠に糸口の取り難いものだったのでありました。一方で糸取り用の釜にしても、その形が半月状で、中にはパイプが露出していたりしましたから、富岡製糸場の場合とは比較が出来ない程に、誠に扱い難い製糸機器だったのであります。また、その一方では、その糸繰り場には外から風が吹き込んでくるので次第に寒さを

感じ、そのままでは作業が続けられないような状態になって行くのでありました。このような状況と言うのは、彼女には富岡製糸場では全く経験がないようなことだったのであります。

　しかしながら、その傍らにあって、六工社製糸場自体は、その後に予定通り盛大に開業式が執り行われて行き、生糸の生産に向けて製糸場としての操業が開始に至ったのであります。そして、開業に際して示された彼女の等級は２等工女だったのであります。富岡製糸場では３等工女だったのでありましたから、そのことに関しては喜びが感じられたのであります。

その６　製糸場工女の病没者

　富岡製糸場は明治５年（１８７２年）にその操業を開始し、またその操業は昭和６２年（１９８７年）に終了となっています。

　延べ１１５年と言う、極めて長期に亘ったその全ての操業期間において、実は数十名にも上る病死者が出ていたのであります。病死者が特に集中したのは明治１３年（１８８０年）のことであって、その年には「チフス」なる伝染病が日本全土に亘って広く発生するようになって行き、その影響で、その際には富岡製糸場にあっても一気に１５名もの工女が亡くなってしまったのであります。

　一方、富岡製糸場で働いていて亡くなってしまった多くの工女に対しては、群馬県出身で、同志社を拓いた新島襄牧師の影響を受けて明治１７年（１８８４年）設立されたところの「組合教会」系の甘楽第一教会によってそれぞれの葬儀が執り行われて、その亡骸については、富岡製糸場にやや近い龍光寺の境内において埋葬されて

いるのであります。

　爾来、彼女らが葬られているこの墓地にあっては、今日においてもなお、人知れず、墓参に訪れる人たちが絶えないと言われているところなのであります。

9　絹産業に関する基盤の整備

（1）産業遺産としての富岡製糸場

その1　富岡製糸場が設置された敷地

　富岡製糸場が設置された敷地は、群馬県富岡市の市街地の南側を西から東へと流れ下っている鏑川の左岸（北側）に当る河岸段丘上に開けた広大な地域（元は原野）に位置していて、その敷地の広さは、東西が２１０ｍ、南北が２５０ｍと言う、広大なものでありました。そして、工場への出入り口は東側にありました。

　また、その地は、俗に姫街道とも言われた富岡街道から少し南側に位置するだけなので、その姫街道（現在の国道２４５線）を東へと４里（約１６ｋｍ）ほど歩けば高崎へと出掛けられ、一方、西へ

と向かい、途中の内山峠を越えて延べ１０里（約４０ｋｍ）ほどを行くような際にあっては、その地は、すでに信州の佐久平なる広大な原野（草生した平地）なのであります。

その２　製糸場建物の構造的な特徴

　富岡製糸場の現有建物は、基本的には、本格稼働の状況にあった頃の当時のままで残されています。そして、その建築物的な測面での特徴（価値）に関しては、次のような点があげられます。

① 　レンガ積みの躯体と、トラス小屋組みという洋風の技術とを導入していて、単純で明快な構造となっている。
② 　木骨レンガ造りと言う、フランスの技術を導入してはいるが、日本の風土と伝統に合わせた適度な工夫と改良が行われている。そのため特に違和感を生むようなところがない。
③ 　建物の躯体を含む、製糸場としての固有の機器等の配置面において、各種設備が調和よく配されている。
④ 　官営の工場でありながら、大陸の文化的風土を感じさせるような、調和を保った建物配置となっている。

　この明治初期の時代に、日本にあっては横須賀造船所等々の官営施設に係わる建築が各地にて同時並行的に行われていた訳なのでありますが、上州富岡の地においては、フランスにおける最新技術の導入が前提となって当該工事が進められて行ったために、それを請負うことになったフランスの受注者の側としては、国威を背景と

して当該工事に取組んで行ったと観られ、その工事は明治5年6月に無事、竣工したのであります。

（2）関連するその他の絹産業遺産

その1　蚕種保存のための風穴

　そもそも蚕（カイコ）は卵生でありますので、育成前の蚕の最初の状態と言うのは蚕が産んだ卵、つまり蚕卵なのであります。この蚕種は、通常は蚕糸組合によって管理が為されていて、養蚕開始の時期（カイコの餌となる桑葉が育っている時期）に合わせて各地の養蚕農家に分配されて行くものであります。

　したがって、その年の養蚕時期が過ぎると、蚕種は翌年の養蚕開始時期までの間は蚕種のままで保存して行く必要があります。そして、そのような場合に利用されるのが、地元で「風穴」と呼称されているところの山間部にある洞窟なのであります。

　群馬県内では、年中冷気が吹き出ている、このような「風穴」は昔から近在の荒船山や榛名山において知られていて、それ故に良質な蚕種の維持管理が成り立って来た次第なのであります。

その2　特定養蚕農家の存在

　養蚕農家における最初の仕事は、卵紙（蚕の卵が産み付けられた

特殊な紙で、養蚕組合が管理する）を購入し、農家が準備した屋内施設において蚕（カイコ）を幼生させ、その蚕が生糸を生むような状態になるまで桑葉を与え続けて行き、そして、その蚕が繭を造り終って蛹（さなぎ）の状態になるまでの期間（約１カ月）その育成作業を続けることになるのであります。そして、通常、この養蚕作業と言うのは、養蚕地帯では年間を通じて春・初夏・初秋・晩秋の４度（または３度）にも亘って行われるものなのであります。

　そして、このような養蚕業を家業として長期に亘り安定的に行うためには、そのための作業スペースが確保されなければならないのであります。したがって、群馬県を始めとする北関東の養蚕地帯にあっては、家屋２階面の全域を養蚕のための作業スペースとすべく構築された、躯体の大きな農家が極めて多いのであります。そして同時に、その２階スペースにおいては、通風を良くするための仕掛けである小屋根が設けられていたりしています。

　その典型なる事例として、以下のようなそれぞれの建物を挙げることができます。

① 旧富澤家住宅（国指定重要文化財指定）
　　　　　　　・群馬県吾妻郡中之条町大道地内
　　　　　　　・２階建て、入母屋造り
　　　　　　　・１７世紀後期の建造
② 旧黒澤家住宅（国指定重要文化財指定）
　　　　　　　・群馬県多野郡上野村楢原地内
　　　　　　　・２階建て、切妻造り
　　　　　　　・１９世紀中頃の建造

③ 旧関根家住宅（市指定重要文化財指定）
　　　　　　　　・群馬県前橋市大室町地内
　　　　　　　　・２階建て、赤城型
　　　　　　　　・１９世紀中頃の建造
④ 旧高山家住宅（国指定史跡）
　　　　　　　　・群馬県藤岡市高山地内
　　　　　　　　・２階建て、切妻造り
　　　　　　　　・明治中期の建造

その3　その他の養蚕関連施設

① 蚕糸記念館（旧、国立原蚕種製造所）

　前橋市内を流れ下る利根川に沿った敷島公園の脇に、前橋市が管理運営するところの蚕糸記念館があります。この建築物というのは実は、本来的には明治４５年（１９１２年）に国立原蚕種製造所の前橋支所として、特別な目的の下に建てられたところの建物なのであって、その時代を代表する洋風の建物であります。そして、この国立原蚕種製造所にあっては、より良質なる繭の生産を目指し、蚕糸の試験や蚕種の改良と言った基礎的な研究及び開発が行われていたのであります。

② 上毛モスリン株式会社

　上毛モスリンは、現在の舘林市城町の地において、毛明治３５年（１９０２年）に設立されたところの、織物工場の操業を母体として紡績を事業としていた企業なのでありますが、一方、その反面に

おいて、どちらかと言えば投機的な側面によって利益を上げようとする体質をも合わせ持っていた組織なのでありました。

そもそもこのモスリンとは、羊毛を平織りにした薄地の毛織物のことでありますが、その時代にあって、それは日本においてはまだ珍しがられていた商品なのでもありました。そのため同社は資金的な面での不都合を承知した上で、大規模な工場の立ち上げを強行して行き、その操業へと走ったのであります。

しかしながら、それ故、間もなくして商品はすぐに過剰供給の状況を呈するようになって行き、そのために期待するような利益には繋がって行かなかったのであります。そして、同社は後の大正１５年（１９２６年）に破産の申し立てを行ってその資産を譲渡し、遂に消滅することとなったのであります。

③　桐生織物記念館

この施設は、昭和９年（１９３４年）に、桐生織物同業者組合のための事務所として建てられたところの、レトロ調の外観を有する比較的大きな２階建ての建物であります。そして、施設の所有者でもある織物同業者組合は、その後の発展に合わせ、後に桐生町内の織物関連の事業者全体によって組織されたところの桐生織物協同組合へと展開されて行き、その発展に合わせ、残った建物の名称については「桐生織物記念館」へと改称されたのであります。

一方、その当時に、桐生にて織り出された織物の評判と言うのはまことに高く、そのために地元で生産された各種の製品は、直ちに日本全国へと発送されて行ったのであります。

④ 足利、桐生、伊勢崎が産出した銘仙

　江戸時代以降、絹織物を産出していた地域と言うは、実は日本の全国各地にあった次第なのでありますが、世の中が落ち着き、人々が絹織物に対して高い関心が持てるようになった明治維新以降にあって、その時代における絹織物の主な生産地と言うのは、やはり桐生を中心とした群馬県の東部地域だったのであります。

　しかしながら、実は絹織物と言うのは昔から高級な素材だったので、高価であり、およそ庶民には手が出せない程の品物だったのであります。そのために、日頃、庶民が身に付けていた服地と言うのは銘仙（めいせん）だったのであります。

　さて、その銘仙に関してなのでありますが、伊勢崎にて産出される銘仙については、次のようなところにその特徴があります。

○　経糸（縦糸）と緯糸（横糸）を意図的にずらして織るので、通常の平織には見られない滲みのある優しい色柄になる。

○　上と同じ理由によって、（かすり）の織り方によると、色の境目を意図的にぼかすことができるようになる。

　このようにして、各地の生産者においては、その地域的な特色を発揮すべく、伝統産業としての枠を守りながらも、それぞれに創意工夫を加えながら、銘仙の販路拡大に向けて創意と工夫を発揮して行って行ったのであります。

（3）世界遺産の登録に向けた動き

日本の文化発展の歴史の中にあって、かなり特異な存在として世の中に知られたところの、この富岡製糸場に関しては、群馬県及び地元の富岡市が中心となって、数年来、ユネスコ（国際連合教育科学文化機構）が定める手続きの下で、世界文化遺産としての登録を果たすための努力が払われて来たところであります。

　さて、そもそも富岡製糸場というこの特異なる官営施設の建設と言う命題は、明治新政府が確立された後にあって、突如として叫ばれるようになったところの殖産興業なる政策的課題によって、その眼玉として進められるに至った命題なのでありました。

　また、そのような政策が狙った背景について改めて直視してみると、この時代にあって、日本ではすでに定着していたところの養蚕業によって、海外に輸出されるシルク素材が、その当時の欧米各国におけるご婦人方によって特別に支持されるに至ったため、当時の明治政府にあっては、それ故に、それが日本の輸出品の眼玉として高い評価が得られると考えたからなのであります。そのため、この官営富岡製糸場にあっては、以来、長期に亘ってその操業が営々と積み重ねられることとなって行き、そして世界各地の需要に応じるべく商品の出荷努力が続けて行ったのであります。

　しかしながら、その後においては、栄光あるその業績の裏で、後に到来して来たところの化学繊維の登場と言う、新たな時代による技術によって引き起こされた、その市場の競争の渦中に止むを得ず巻き込まれて行ってしまい、その結果、世界のシルク需要が短期間のうちに急速に減じてしまったことの影響を正面から受けざるを得なかった富岡製糸場にあっては、昭和６２年（１９８７年）３月に至り、ついに、その操業が停止される事態に立ち至ってしまった

のであります。

　一方、その傍らで、日本政府の働きかけにより、この富岡製糸場は平成２６年（２０１４年）６月２５日に、ユネスコによる我が国における１８件目の世界文化遺産としての登録が、無事に成立したのであります。そして今日では、世界文化遺産となった、この富岡製糸場に対する国民の関心はより一層高まっていて、施設を訪れる見学者の人数と言うのは、旧に倍するが如くに増加していると言うのが実状なのであります。

（４）　　絹文化の普及拡大

その１　絹文化の普及

　絹は、麻や綿と並ぶところの、三大天然素材のうちの一つなのであって、その活用には３０００年にも及ぶところの人類の歴史的な係わりと言うものが潜んでいる次第なのであります。

　さて、絹糸の素材となるのは、蚕（かいこ）が蛹（さなぎ）に移行するために造ったところの繭（まゆ）の糸を紡ぐ（紡績という）ことで作り出した蚕糸なのであって、織物に用いる際の素材としての生糸は、通常、製糸場において数本の蚕糸を撚り上げた後に製品として作出されたところの「紡績糸」のことなのであります。

　そして、この「生糸」が日本に持ち込まれ、多くの日本人が知るところとなったのは、およそ８世紀の頃とされますが、それでも、それは貴族や武士たち特権階級の社会でのことなのであって、一般

市民の間においてそれが普及するようになったのは、実際は江戸時代以降のこととされているのであります。したがって、多くの日本人において、それまでの時代には、綿糸や麻糸を材料とした服地と言うものが普及していたに過ぎなかったのであります。

その2　中国産絹文化の世界への拡大

西欧における絹布の普及は、先ず、中国が産した絹糸により作出された品物が、シルクロードを経て、フランスを中心とする西欧の各国へと輸出されて行ったのが、その始まりなのであります。

その当時、西欧の各国にあっては、服地の素材と言うものは綿糸による綿織物だったのでありますから、薄地できらびやかな絹布が眼の前に出現したことに対して、強い羨望の眼差しをもってそれに面対したであろうことは、想像に難くないところでもあります。

従って、絹織物は当初から高級品として取り扱われて行き、そのために絹織物は富と権力の象徴とも化して行くこととなって、単にそれを見せつけるだけで、戦争を終結させることさえも出来たのであります。そのため当時の中国は、自国産の絹織物を西欧方面に次々と輸出するようになって行き、次第に、その国力を増して行くような状況となって行ったのであります。

（5）　生糸の輸出を支えた鉄道

日本における鉄道の歴史においては、その当時の官営鉄道会社によって、先ず、明治５年（１８７２年）の９月に品川－横浜の間の鉄道が開通し、また、明治１４年（１８８１年）に半官半民の体制によって創立した日本鉄道会社によって、先ず、上野－高崎の間が明治１７年（１８８４年）に開通し、明治４２年（１９０９年）に残っていた上野－品川の区間が開通したことによって、これにより高崎と横浜との間の鉄道路線が全て開通したのであります。

　一方、高崎と富岡の間については、地元の民営鉄道会社によって明治３０年（１８９７年）には鉄道が開通していたのであります。従って、これら鉄道路線の完成により、シルクの交易に係わる商業地である高崎を介して、貿易港を有する横浜と富岡との間は一筋のレールによって完全に結ばれるに至ったのであります。

　そのため、それまで機能していた八王子を経由する「絹の道」による馬車道ルートは、以降、この鉄道輸送に切り替わって行くことになったと言う次第なのでもあります。

10　絹文化の普及と拡大

その１　絹文化の市民への普及

戦国時代以降、絹糸の生産が盛んであった関東地方北部（上野国

下野国、武蔵国）の地域にあっては、この絹糸を用いた布地等々を商品とする交易が盛んに行われていたのであります。それは京都の西陣織ほどには華やかではなかったものの、それでも、華美を嫌う傾向が強かった東国武士たちにあって、その心を揺さぶるには十分なほどの華やかさを有していたのであります。

そして、その一方にあっては、そのような華美に傾く傾向を統制するため、その当時の江戸幕府は絹布の品質を統制し、市民がむやみに華美に走ることが無いようにするための施策を講じて行ったために、それ以降にあっては、今度は裕福な立場の多くの商人たちがこの高価な絹布に群がるようになってしまったのであります。

したがって、この時代には、密かに絹製品を愛用していた多くの商人たちは、屋内では絹服を愛用しつつ、その一方で、外出に際しては、わざわざ綿布仕立ての地味な被服に着替え直していたとさえ言われているのであります。

その2　絹文化の捉え方

一方、当時の江戸幕府にあっては、その絹的な傾向とも称される豊潤なる文化的傾向自体が減退してしまうことまでは望んでいなかったために、その結果として、以降の日本において、絹の文化は東国を中心として定着する状況になって行き、しかも後には漸増的に日本全域にまで広く普及して行ったのであります。

したがって、今日の日本において大店と称される呉服商はいくつもある次第なのでありますが、その中でも越後屋（現在の三越）や白木屋などは、その当時における東国文化の隆盛を支えていた上野

国（群馬県）の藤岡での市場を足掛かりとして顕著な発展を遂げて行った、大店と言われた商店の今日の姿なのであります。

11 西欧における養蚕業の実態

（1）西欧での養蚕業拡大の経緯

　東洋以外の地において絹の布地に最初に接した人物とは、なんとアレキサンダー大王に仕えていた兵士たちなのでありました。この時代にあって、ローマ（イタリア）では、絹を用いた商品は大勢の市民から絶大な人気を博していて、それ故、それらは金貨を用いて直に支払わなければ、手に入れることすら出来ない程に貴重な商品であった次第なのであります。その意味では、当時、絹地を用いたところの商品は、金製品や宝石と並ぶほどの貴重品ともされていた次第なのでありました。従って、逆な見方に立つと、絹の布地さえ持っていれば、この時代にあってはどのような障害をも乗り越えることが出来たとされていて、事実、戦争でさえも終わらせることが出来た次第なのであります。つまり、その当時の絹製品は、まさに富と権力の象徴たる貴重品とされていたのであります。

　そのため、その時代に、東洋を代表する国でもあった中国の商人たちは、自国産のシルク製品をラクダに背負わせて天山山脈を越え

行き、東ヨーロッパ諸国にまで出向いた上で交易を行っていたのであります。そして、今日、その道筋がいわゆる「シルクロード」と称されている訳でありますが、その道は、単なる通商のための道筋ではなく、養蚕業をヨーロッパ諸国へもたらすに至った、政治的な意味の道筋でもあったのです。そして、後のイタリアやフランスにあっては、それ故に養蚕業が栄えるに至ったのであります。

（2）西欧における養蚕業の状況

その1　イタリアの場合

イタリア産の生糸にあっては、元来その品質が良い上に、鮮やかに染め上がる染料のおかげで、常に高級な商品として、珍重されて来ました。そして、イタリアにおけるファッション界をリードして来たのは、近年まではベネチアやフィレンツェそしてルッカ（高級繊維産業の中心地）等だったのでありました。

その2　フランスの場合

フランスにおいては、リヨンが中心となって、隣国のイタリアに習いながら、絹産業を発展させるための方策への取り組みを進めて来たのであります。リヨンは、先の時代に背負っていた貿易赤字の削減のため、先頭に立ってそれに取り組んで来て、その功労が認め

られたことによって、今日における地位を得たのであります。

その3　西欧における絹産業の衰退

　フランスを中心としたヨーロッパの各地域においては、１８４５年（弘化２年）から蚕（かいこ）が次々に死んでしまうと言う、蚕種特有の伝染病が発生してしまったのでありました。その真の原因と言うのは、実は、蚕に与えた桑葉が病原体ウィルスに汚染していたからであることが、後になって明らかになったのであります。

　いずれにしても、このような重大な問題が発生してしまったことによって、その原因と対策については明示さたと言うものの、結局のところ、ヨーロッパ各地における当時の養蚕業においては、その全てが全面的に停止されるに及び、それ以後、ヨーロッパにおける養蚕業と言うのは、そのいずれもが衰退の一途を辿るのみとなってしまい、以後、ついに復活には至らなかったのであります。

　そのために、近代以降にあって、ヨーロッパでの絹製品の需要を支えていたのは、実は、中国やインドが主体となって、それを補完すべく機能していたと言う次第なのであります。

１２　養蚕業に関わる産業体制の改革

（1）養蚕種の改良

その1　交雑種の導入

　養蚕は、日本にあっては、既に江戸時代の初期から行われていたことが明らかなのであります。また、その様相を示す種々の資料から、その時代において飼育されていた蚕種については「小石丸」や「又昔」そして「青塾」などであったことが明らかであります。

　そのため、古来より、日本では幾つかの蚕種を交雑させることによって良質な蚕種が生まれることは、既にその時代の多くの人々には理解されていて、今日における蚕種の実態は、意図的にそのような一代交雑種を作り出して行くと言う操作、つまりは良質なる生糸を追い求めるために行われて来た養蚕家たちによる実直な探求心に基づく結果なのであって、今日の状況と言うのは、その実行力が貫かれていたことが覗える、仕上った様子なのであります。

　そもそも、この一代交雑種が優勢に偏ると言う生物学上の事実は１８８６年（明治１９年）に発表された「メンデルの法則」なる学説によって世の中に明らかにされた事柄なのでありますが、現実には、上述の如く、古来の民衆たちは、既にそのような現実をわきまえていたと言うことなのであります。

　いずれにしても、このような学術的な新事実と言うものが世の中に広まって行くにつれて、それを活かした研究等が追随して行くと言うことも世の常なのであって、その結果、日本においては遺伝学者の外山亀太郎が、１９０６年（明治３９年）に糸質の異なる親を

交雑させて出来た１代雑種の蚕から、糸質がきわめて優れた蚕種が生成される事実を明らかにしたのであります。

　この「優勢遺伝の法則」の事実がもたらす本来的な意味を人々が理解するようになるには更なる時間が必要であったものの、この事実を受け入れることが出来た研究者たちは、その後、本気で蚕種の品質改良に取り組んで行ったのであります。そして、繭１個からはその長さがこれまでの倍にもなる８００ｍにまで及び、しかも糸質が良いとされる蚕種造り等々に成功して行ったのであります。

その２　外国産種導入による研究

　一方で、１９０９年（明治４２年）に富岡製糸場の場長となった大久保佐一は、前述のメンデルの「優勢遺伝の法則」を受け、１代交雑種が持つ利点の更なる活用に着目して行ったのであります。

　彼は、自身がその建設に関与したところの富岡製糸場に近い場所にある蚕種製造実験所において、海外産の蚕種を含む、各種の多種多様な「蚕種」について、１代交雑種の試験飼育を始めるに至ったのであります。その主旨たるところとは、それによって、優良なる品質の繭を安定して確保するための方法を見極めたいと言うことだったのでありました。

　彼は国の許可を得た上で、イタリアとフランスの両国から黄繭種を輸入した上で、各地の養蚕農家に対してその飼育を委託したのであります。その意図と言うのは、その当時には、外国種にあっては日本の在来種よりもその形質の面が優れていると考えられていたからなのであって、そのため、彼はその両種の交雑によるところの

107

新たな「種」の取得を進めようとしたのでありました。

　結局、大久保によるこのユニークな試みは、直ちに成功するには至らなかったものの、その意図とするところは、誠にもって称賛に値するほどの事柄（探求心）だったのであります。

（2）養蚕に関わる技術の改良

その1　高山長五郎の実体験

　何事に依らず、新たな試みが定着に至るまでには失敗の繰り返しと言う現実が残されて行くものであります。また、それは養蚕業においても然りなのであります。そして後に「清温育」と言う特異な養蚕方法を完成させるに至ったところの、かの高山長五郎においてさえ、左様な有様だったのであります。

　彼は、現在では群馬県藤岡市の一部となっている旧緑野郡高山村にて生れたのでありました。その実家は、武家の流れを汲むところの代々が名主を務める程の家柄だったのであります。

　彼は「将来有望なる事業とは養蚕に如くものなし」の意気込みをもって、若くして養蚕業に挑戦して行ったものの、その初挑戦ではなんと全滅に帰してしまったのでありました。そして失敗の原因を究明し、工夫を重ねつつ再挑戦を試みて行くも、しかし、その成果は一向に現れないまま、年数を重ねるばかりだったのであります。しかたなく、彼は各地の養蚕農家を訪ね歩いて教えを請い、一方で

書物を熟読した上で、その度ごとに、執拗なまでにいろいろと見直しを繰り返して行ったのでありました。

その2　彼による飼育方法の改良

　次々と失敗を重ねて行く、その体験から、彼はやっと一筋の光明を見出したのであります。それは蚕室を換気に留意した「清涼育」とすると同時に、火力によって室温を整える「温暖育」の両方の長所を取り入れた「清温育」とする飼育方法だったのであります。

　彼は、ようやく辿り着いたこの飼育方法を軸として「高山組」を組織して行き、一方で、蚕種については「又昔（またむかし）」に着目して行ったのであります。この「又昔」は、蚕の飼育が難しいと言う難点があるものの、その一方で、その糸は丈夫で光沢があったので、商品としての価値が高かったのであります。

　このようにして、養蚕家としての名声を高めて行った高山長五郎の活躍ぶりについては、今日では「高山社跡」の碑に刻まれた一文によって偲ばれるところなのであります。

13　絹産業に関する今日的な課題

（1）絹産業における今日の情勢

　今日における日本の絹産業は、絹製品に関する世界的な需要の減少によって、ほぼ衰退の一途を辿っていると言っても決して過言ではないような状況に置かれています。

　その背景には、戦後（第二次世界大戦後）において市場の自由化が進み、そのために中国産の廉価なシルク製品が世界の市場を席捲するような情勢になって行ったと言う、需要動向の急激なる変化による影響が大きいところなのではありますが、しかしながら、その根底に潜むところの原因には、相対的に見て日本産生糸のコストが割高であったと言う現実が隠されていたからなのであります。

　そもそも、今日の市場に出回っている日本の生糸は、実は個々の農家が産出したものの集積なのであって、そこに必ずしも「コストパフォーマンス」意識が働いている訳ではないのであります。そのために、世界市場において中国産に対して遅れをとっている現実と言うのは、止むを得ないところなのであります。

　したがって、今日における日本の養蚕業と言うのは、実のところ身近に存在する小さな需要に対応しているだけの、言わば趣味的な価値の対象にしか過ぎないとさえ言われる程に極めてローカルな需要への対応に押し込まれている状況なのであります。

（2）絹産業の業態の改革

その1　業態の組合組織化

　これまでの時代において、多くの場合に、養蚕業は個々の農家が兼業することによって支えられて来たのでありました。その理由には、先ず、養蚕を行うためには、雨風を凌ぐことが出来る相当規模の建物が必要であることと、更には、稚蚕の時期にあっては室温を調整することが可能な特定の蚕室までを用意する必要があるからなのであります。従って、いわゆる養蚕地帯において総2階建ての大きな家屋があって、その屋根上に換気塔が設置されているとすれば、それは養蚕農家であった（現在はともかくとして）と見做しても、まず間違いはないのであります。そして、通常、その養蚕業と言う仕事は、実は1年間に3回（春、秋、晩秋）ほどが繰り返して行われることになるのであります。

　一方、蚕の餌となる桑葉の確保にあっては、やはり、それなりの面積を有する桑畑が必要とされました。したがって、各養蚕農家にあっては、それぞれが、その経営規模に応じ、広大な桑畑の所有者でもあると言う次第なのであります。

　さて、仮にこの養蚕業を集団経営方式によって改革できるようになるとすれば、夏期に刈り入れた桑葉を冷温貯蔵することによってそれを長期に亘り供給することも可能となって行くのであり、またそれによって、養蚕家にあっても温室利用によるところの大量飼育が可能になって行くのでないかと想像するところでもあります。

　また、その一方で、農業組合が関与するところの養蚕家に対する経営指導等にあって、現在、養蚕家に対し、果してどれほどの関与が為されているかについて定かには承知しないものの、蚕種の選定

や、出来上がった繭の持ち込み先の選定という面については養蚕家の立場にあっては極めて重要な選択肢でありますから、そのような意味合いにおいて、同業者による組合化によって種々の情報を交換し合って行き、それによるところの情報の要点を共有し合うと言うことは大事なことであります。

その2　養蚕に付帯する技術の伝承

　生糸の生産と言う業種には、実は一般人には知られていない側面と言うのが多々あると言えるのであります。本書にて紹介して来たように、先の時代にあっては、官営富岡製糸場という大規模な製糸工場が機能していて、そのため、これを受けた各地域の組合組織には活力があって、地域内の生産農家における繭に関する生産の状況は一元的に把握されていたのでありました。しかしながら、現在の日本においてそれを担務することが出来るのは、実は、各地の主要な養蚕地帯において個別に立地するところの小規模な製糸事業者なのであって、その企業努力に依存しているのであります。

　また、生糸を絹地に織り上げるにしても、それを引き受けることが出来るような現役の紡績企業と言うのは、全国を隈なく探査してみても極めて少ないと言うのが現実なのであります。

　そのような面から、今日の日本の絹産業は、今まで普遍的形態を保って来た基幹産業としては、すでに機能していないと言わざるを得ない程に、養蚕に関わる基本的技術の伝承さえ覚束ない状況へと放置されてしまっているのであります。

　したがってその近代化への更生と言うのは、養蚕に付帯する種々

の技術のしっかりとした伝承なくして成り立たず、今日にあっては
それは、既に極めて困難な道筋となってしまったと言わざるを得な
いと言うのが実状なのであります。

その3　ブランド化の促進

　ある商品に対し、大勢の消費者の関心を向けさせるための方法と
して「ブランド化」があります。しかしながら、そのためには商品
自体が優れたものであって、しかも、その品質にばらつきがあって
はならないのであります。

　その意味において、富岡製糸場が産出した商品である「生糸」の
品質はとても素晴らしいものであって、その品質は出荷の前に行わ
れる検査によって確認されて、常に良好なる状態に保たれていたの
であります。そのため、先の時代の「富岡産シルク」の海外におけ
る信用は高く、当時の日本の輸出品の中において常にトップとなる
輸出高（ドル建て）を長期に亘って占めて来たのであります。この
事実は日本が誇りとするものであって、今日、これに並ぶ程に勢い
のある産業は皆無と言わざるを得ないのであります。

　従って、生糸の需要が失われてしまった今日において、そのよう
なことは望みようも無いところであります。

（3）絹産業支援体制の整備

その1　養蚕業における労働力の集約化

　養蚕業を成立させる上において必須とされる要件は、蚕室と労働力の確保及び桑畑の整備であります。現在において養蚕は1年間に3回ほどが行われる次第なのでありますが、そのための労働力的な側面での農家の負担と言うのは極めて大きいものであります。しかしながら、これまでの養蚕業にあっては、それぞれの農家がそれらの負担に懸命に堪えたことにより、それが克服されて行ったが故に所期の成果を収めるに至ったのであります。

　しかしながら、農業分野における労働力が少なくなってしまっている現在においては、この労働集約型の養蚕業と言うものを自家の手勢のみにおいて成立させることは甚だ困難な状況に陥っていると想像されるのであります。そこで辿り着く一つの答えが、養蚕業の共同経営に基づく労働力の集約化なのであります。

その2　養蚕業の共同経営化

　上述の通り、今日の養蚕業にあっては、その時期には所定の労働力を集中的に投入することが求められる状況に置かれているのであります。従って、これを克服して行くには、養蚕業を共同経営化して行く方法などによって、そのために必要とされる一時的な労働力を創り出して行くことが求められるのであります。

　従って、そのような事情を掘り返して観れば、むしろ養蚕業自体を共同経営化してしまった方が話は早いと言わざるを得ないのであります。事実、そのような理由によって、養蚕業の共同経営化と

言うのは、今日にあっては、小規模ながら、各地においてそのような事例が観られるところなのであります。農業における共同経営化と言うものが各地にて事例を為している以上、それは、工夫次第で養蚕業においても適用が可能な筈なのであります。

その3　養蚕業支援体制の問題

　今日にあっては、国内の各地において、養蚕業を通じて成り立つところの産業支援のためのネットワークが構築されて、その活用が大いに求められているのであります。そのための支援要素については次のようなものが挙げられています。

①　蚕室の共同利用に関すること
②　桑畑の利用拡大に関すること
③　製糸業の共同利用に関すること
④　養蚕業支援体制の構築に関すること
⑤　蚕種の品種改良に関すること

　しかしながら、いずれにしても、そのそれぞれが機能するためには一定の需要が担保されなければならないのであって、現在の状況においては、絹産業（即ち養蚕業）と言うものは、遠からず普遍的な産業としてのその基盤を失って行くことが予測されるところであって、それ以後には、単なる「趣味の園芸」的な世界での事柄となってしまうことが想像されるところなのであります。

14 富岡製糸場に深く関わった人々

（1）製糸場の創立に関わった人々

その1 ポール・ブリューナ（明治41年没、67歳）

　フランス人の彼は、絹織物取引の中心地であったリヨンに近い街で生れたため、最初にその地の絹糸問屋に勤め、その後、絹織物の取引きを専門とする貿易会社へ移った際に日本へ派遣されることとなり、そのために彼は同社の横浜支店長として、絹織物の取引きに深く関与することになったのであります。

　さて、明治政府の内部において製糸場の建設が政治的な課題となった際に、彼は、イギリス公使館の書記らと共に建設候補地の視察に赴いて行き、専門家の立場から、製糸場の建設に関係する事柄について意見を具申して行ったのであります。

　その後、明治政府が上州の富岡の地にて製糸場を建設するとの決定を行った際に、彼は明治政府の求めに従って向こう5年間の雇用契約に応じて行き、そのために彼は諸々の段取りを行うために一旦帰国し、その際に職工らとの契約を取り交わし、一方では当時18歳であった女性（エミリー・アレクサンドリーヌ）と婚姻し、富岡へも連れて来ていたのでありました。

　彼は富岡製糸場の建設の後、アメリカの商社から支配人として招かれて上海での製糸場の建設にも関与しています。そして余生

をパリにて過した後、６７歳にて没しました。

その２　尾高 惇忠（明治３４年没、７０歳）

　彼は、武蔵国榛沢郡下手計村（現・埼玉県深谷市）にて名主の子として出生しました。幼少より学問に秀でていて、自宅において私塾を開き、江戸時代後期から幕末にかけて、近隣の子弟たちを集めて漢籍等々を教えていました。そして、その中には従弟の渋沢栄一たちがいたのでありました。

　若い頃、彼は水戸学に刺激されて尊皇攘夷的な思想を懐くようになって行き、渋沢栄一と共謀して、文久３年（１８６３年）に高崎城を襲撃すると言う左翼的な事件を引き起していました。

　そして、後の戊辰戦争の際にあっては彰義隊の一員としてこれに加わり、また、官軍との交戦によって敗退した後においては各地を転戦した上で敗残兵として上州の地に潜伏し、その後、彼は密かに郷里へと帰還したのであります。

　一方、明治維新後にあっては、大蔵省の官僚となっていた同郷の渋沢栄一の縁によって、明治５年（１８７２年）に官営富岡製糸場の初代場長に就任し、さらに、その５年後には第一国立銀行の支配人までを務め上げるに至ったのであります。

その３　渋沢 栄一（昭和６年没、９１歳）

　彼も、埼玉県深谷市にて出生しました。幼い頃から実家の農業を手伝い、また、家業である養蚕や藍玉の製造を日々手伝う等という

暮し方を家族と共に行って来た、その一方で、父から学問の手ほどきを受けて行き、そして7歳になると、従兄の尾高惇忠を先生として本格的に「論語」などを学び始めたのでありました。そして後の幕末時においては「尊王攘夷」的思想に傾倒して行くようになって行き、故に故郷を出奔し、京都に滞在していた時の偶然の出来事によって、彼は一橋慶喜（後の第15代将軍）と出会い、それよって彼に仕えることになったのであります。

その後、一橋慶喜の弟の徳川昭武がパリ（フランス）の万国博覧会に参列することになった際に、彼は慶喜公の指図によって昭武の世話役として隋行し、そして、そのまま約1年にも亘って彼の地に滞在し、西欧についての見聞を広めて行ったのであります。

また、帰国した後、彼は大隈重信公から招かれて民部省（後に大蔵省へ編入）の役人となり、西洋にて知り得た知識をもとに日本の新たな国づくりに関わって行くこととなり、その際に、彼はなんと富岡製糸場の設立にも関与して行くのであります。

一方、大蔵省を辞してからは、彼は一人の民間人として実業界に進出し、第一国立銀行の設立を始めとする各種の公的組織の創設に関わって行き、その育成に力を尽くしたのであります。そして彼はその生涯の間において、なんと、約5百件にも及ぶ企業の設立や、約6百件にも及ぶところの公共的機関・組織に対する支援に関して尽力して行ったのであります。

その4　韮塚 直次郎（明治31年没、75歳）

彼は、豪農の尾高惇忠（前記のとおり）の実家において働いてい

た使用人同士の間に生れた人で、そのために7歳に至るまで尾高家にて家人と同様に暮していました。そして、その後、尾高家が彦根藩士の娘を見立て養女として迎え入れたことによって、彼はその娘を妻とし、韮塚家として自立して行ったのであります。

　さて、彼は富岡製糸場の建設に当り、建設責任者の尾高惇忠から建設資材等調達のためのまとめ役を任されたことによって、単身にて富岡の地に仮住まいし、レンガ（深谷にて製造）建物等の建設に関わる任務に従事して行ったのであります。また、富岡製糸場の操業が始った後にあっては、彼は賄方（食堂の経営）の立場において製糸場の運営に関与しました。

その5　田島 弥平（明治31年没、75歳）

　彼は、上野国（群馬県）伊勢崎市島村の生れで、この地は江戸の昔から養蚕にて栄えていた地域なのであり、そのために、彼の父も養蚕にて財をなした人物として知られていました。

　さて、彼の父親である田島弥兵衛が従来から実践していた養蚕業にあっては、自然のままの室温を重視する自然育だったのですが、彼の時代になって以降、彼はその育成方法に対していろいろな工夫を加えて行き、その結果として辿り着いた先が、既存の屋根の上にさらに喚気櫓（やぐら）を設けると言う方法なのでありました。そして、それは蚕（かいこ）の病気を防ぎ、その育成を助けるための誠に良い方法であることが、全国に知られるようになって行ったのであります。そのために、後にその方法は「清涼育」と呼称されることになって各地へと普及して行きました。

現在、この屋根頂部に特徴を有する養蚕家屋独特の構造は、群馬県を始めとする養蚕地帯にあっては、農家の一般的家屋構造としてごく普通に見受けられるものとなっています。

その6　田島 武平（明治43年没、77歳）

　彼は、上野国（群馬県）佐位郡島村において武兵衛保信の長男として出生しました。実は、その島村一帯の土地は利根川に近く、そのためにこの大河が運んでくる土砂の堆積によって、水はけが極めて良好な土質になっていたために、養蚕業にとって必須な「桑」の栽培においては極めて良い場所だったのであります。

　そのために田島武平は、渋沢栄一の指導を受け、田島弥平らとも共同し、繭取引のための組織として、自身を社長とする「島村勧業会社」を設立したのでありました。

　この会社の運営においては、渋沢栄一による尽力により三井銀行から6000円（当時）の借り入れを行い、それを200名余から成る構成員たちの操業資金として投入したのであります。

　その結果、以後にあっては、それにより最上級の品質の繭が生産されることとなり、そして、その繭は完売に至ったのであります。そのため、前年に行った借金が完済された上に余剰金までが出せるようになって行き、その結果、以後の養蚕業の定着化に対し明るい見通が立つようになって行ったのでありました。

その7　速水 堅曹（大正2年没、74歳）

彼は、川越藩士の子として川越に生れながら、その後に前橋藩が立藩された際に、当時の川越藩主であった松平直克が移封されて前橋藩主に転じて行ったことによって、その時代における当然の仕来たり（慣習）に従って、彼は、家族と共に前橋へと移り住むことになったのであります。その後、彼は日本で最初とされる藩営の前橋製糸所の開設に関わることとなり、その際に、設備工事に係わっていたスイス人の技師たちから機器製糸に関する特殊な技術を学び取って行ったのであります。

　その時代に、日本にあっては養蚕業が繁栄しつつあって、各地において外国産製糸機器の導入が行われていました。そのため、彼は福島県において二本松製糸所の設立とその操業とに関わった後に内務省へ出仕し、また、その後には万国博覧会や内国勧業博覧会における製品（生糸）の審査官に任命される等々と、彼のその活躍と言うのは誠に目覚ましく、まさに製糸業界におけるスペシャリスト的な存在として活躍した次第なのであります。

　そのような訳で、彼は、その後に官営富岡製糸場の場長を二度に亘って務め、また、この製糸場が三井財閥に対して払い下げられた後にあって更に６年と、合計で延べ１０年間もの長期に亘って場長を務め続け、その上でその豊富な知識を活用して行き、各地の民間製糸場に対して、技術指導のような事までを引き受けて行ったのであります。その意味では、彼が残した実績は測り知れず、養蚕業とそれに付帯する製糸業に対し、自身の生涯を懸けて養蚕業に貢献した人と言えるのであります。

その8　萩原 鐐太郎（大正5年没、74歳）

　彼は、上野国（群馬県）碓氷郡磯部町（現・安中市）の豪農萩原家の次男として生れ、後に、郷長を務めていた叔父の養子となった後には勉学並びに剣術や柔術に励んで行き、養父の没後にあってはその家督を相続し、そして、碓氷郡長を務める傍らにあって数々の公職を務め、また、群馬県会議員を数期に亘って務めた上で、その後には衆議院議員をも勤めるに至ったのであります。

　そして、その間において彼は同郷の有志と組んで製糸会社組織の「碓氷社」を設立し、そして自らその社長を務めるに至り、それによって養蚕農家側の利益の拡大に資するべく、養蚕業の更なる活性化を目指し、そのために必要とされる活動に対して積極果敢に取り組んで行ったのであります。

　一方、そのような積極的な取り組み方が多くの人々に評価されたことによって、その後にあっては、彼自身はいろいろな公職に就くところとなったのであります。

（2）富岡製糸場の操業に関わった人々

　富岡製糸場が稼働していた時期にあって、その操業を支えてくれた主役と言えば、それは何と言っても、製糸場において最も重要な職場であるところの「繰糸場」において懸命に働いてくれた、その当時における工女たちなのであります。そもそもこの時代に、女子

であることが適する職場と言うのは、日本中を探してみても恐らく他には類例が無かったのであります。

　明治5年（1872年）という、封建時代の名残（なごり）とでも言うべき男尊女卑の風潮が未だに消え去っていなかった時代にあって、彼女たちは、それぞれの事情によって富岡製糸場へ働きに出された次第なのでありましょう。したがって、本書でも取り上げて来たように、工女として働いて来た彼女たちの労苦と言うものは並大抵のものではなかったのでありましょう。

　しかしながら、その一方では、その時代の様子について別の視点から振り返ってみると、結局、富岡製糸場にて産出され輸出されて行った日本産のシルクが海外において大好評を博し続けたことによって、それに煽られるように、以降の時代にあってはそれに続くべく、日本の各種産業界のそれぞれが自ら進んで多岐に亘る製品の産出とその国外輸出に対して本気で取り組んで行ったために、その結果として、今日における日本の産業界は、そのそれぞれが極めて隆盛のうちに、国益に資する程の立派な成果を上げるまでに成長を遂げて行ったと言うことなのだと思うのであります。

　そのような意味で、この富岡製糸場と言うは、明治と言う文明的な進化が未だに成熟しきっていなかった社会情勢にあって、しかしながら、その果した成果を観る限り、日本を代表する大きな規模の特別な意義を戴した産業施設だったと評価することが出来ると思うのであります。そして、その有意義なる源泉を把握するべくその背景を掘り下げて行くと、実は、そこには大勢の工女たちが支えて来た女子による労働力と言うものがあって、それによって発揮されていたと言う次第なのであります。

おわりに

　筆者は群馬県西部の安中市出身であります。そのため「上毛かるた」の「に」へ登場するところの「日本で最初の富岡製糸」のことは子供の頃から知っていて、その当時に暮らしていた農村部にあっては養蚕業が盛んであったことや、地元の中仙道に沿った地にも大規模な製糸場があり、そこで大勢の工女たちが寄宿して繭の糸取り作業に励んでいたと言うあたりの製糸場の当時の様子についても、学校の授業や親たちの会話等々によって知らされていたため、一応は承知しているところであります。

　ところで、群馬県を含む本州中央部においては、昔から養蚕が盛んに行われて来たことについては既に述べた通りですが、その内でも特に申し上げたい事は、この富岡製糸場が操業を開始したことによって、その生産品である生糸の輸出がもたらした大きな国益と言うものが、その後の日本の産業構造を大きく変容させる程の重要な端緒となって行ったと言うことなのであります。

　そのため、それ以後の時代にあっては、この富岡製糸場による輸出貿易上の成果と言うものを追いかけるが如く、日本の各地においてさまざまな製品等に関する産業システムが立ち上り、そのような日本全体の総力によって、我が日本は、いつの間にか産業立国と化すような状況となって行ったのであります。

　また、その一方にあっては、このような国内的な趨勢によって文明的な価値観までが変貌したと言える程に、そこに醸し出された日本人の愛国心が高まって行ったと言う意味で、以後の日本は

経済力が増してとても豊かであって、その文化的なレベルまでが極めて高いと評価されるような国勢へと一気に変貌して行くことが出来たのだろうと思うところなのであります。

　筆者は既に８０歳を越そうとしている高齢の身でありますが、読者の皆様方には、この「日本の絹産業」が育んだところの栄光ある文化発展の歴史を忘れないで戴きたいとの思いを込めて、敢えてこのような拙作を起草した次第なのであります。

参考文献一覧

① フリー百科事典「ウイキペディア」

② 帝国書院・図説「日本史通覧」

③ 和田 英 著「富岡日記」

④ 今井 幹夫 編「富岡製糸場・工女たちの便り」

⑤ シルクカントリー群馬の建造物史

著者の略歴

① 氏名　　　　　中島　武久

② 生年月日　　　昭和18年 4月 3日

③ 住所　　　　　茨城県ひたちなか市

④ 職歴　　　　　日本原子力発電（株）

　　　　　　　　総合研修センター主席講師

日本絹産業発展の歴史
富岡製糸場がもたらした栄光の道

2024 年 5 月 21 日　初版第 1 刷発行

著　者　中島　武久（なかじま・たけひさ）
発行所　ブイツーソリューション
　　　　〒466-0848　名古屋市昭和区長戸町 4-40
　　　　電話 052-799-7391　Fax 052-799-7984
発売元　星雲社（共同出版社・流通責任出版社）
　　　　〒112-0005　東京都文京区水道 1-3-30
　　　　電話 03-3868-3275　Fax 03-3868-6588
印刷所　藤原印刷
ISBN 978-4-434-33907-3